入 門
講 義

Quantum
Comp u

量
コンピュータ

Yasushi Watanabe
渡邊靖志

講談社

　「量子コンピュータ」という言葉が身の回りにあふれています。少し前までは，専門家の間でも「まだまだ先のこと」と思われていた量子コンピュータが，既に商用化され，クラウドを通じての計算だけでなく実機を直接用いる計算も可能になっています。量子コンピュータを社会・企業・科学に活用しようという動きが活発になっているのです。

　なぜ，こんなに量子コンピュータの開発機運が高まっているのでしょうか。それは，一言で言えば，量子コンピュータが世界に大きな脅威と貢献をもたらすからです。

量子コンピュータの脅威

　脅威とは，フルパワーの量子コンピュータが登場すると，インターネットを通じて送られる暗号化された商取引の内容，クレジットカードの番号，パスワードなどが解読されてしまうという，セキュリティ・個人情報保護上の問題です。

　もし今，世界のどこかで量子コンピュータが完成し，各国，各企業，各個人の暗号解読などが可能になったとすると，世界が大混乱におちいることは想像に難くありません。もし，妍智に長けた集団がその量子コンピュータを秘密裏に活用し，暗号を解読することによって企業の機密事項を解読したとすると，インサイダー的な株取引などを行って，莫大な利益を得ることになるでしょう。

　また，たとえ量子コンピュータの完成が数十年後だとしても，完成した時点で，それまで記録されていた機密文書の暗号が全部読めてしまうのです。暗号システムを変更するためには，過去の経験から見て，20年前後の年月が必要と考えられています。記録された機密文書が数十年後に解読されては困る場合は，耐量子計算機暗号を早急に実用化させて，その暗号に移行する必要があります。耐量子計算機暗号の完成が，焦眉の問題として検討されてい

るのです。

量子コンピュータに期待される貢献

　貢献についてですが，具体的にどのような役に立つのか，クラウド量子コンピュータなどを通じて今まさに日夜研究がなされ，いろいろな活用例が報告されているところです。

　現在，商用的に実用化されたと言ってよい量子コンピュータは，1999 年設立の D-Wave Systems（以後 D-Wave と省略します）社製で，組み合わせ最適化問題（6.1 節参照）を解くことに特化したコンピュータです。実は，この種の量子コンピュータの基本原理は量子アニーリング法であり，それを発明したのは門脇正史・西森秀稔両氏で，1998 年のことです。

　最適化問題は身の回りにあふれています。例えば，交通渋滞。車の流れを最適化できれば，渋滞のいらいらは無くなり，燃料の節約，時間の効率化など経済効果も計り知れません。工場の生産ラインや物流のわずか数％の効率化も，企業にとって大きな経費削減になります。さらにその貢献は，例えば金融（ポートフォリオの最適化など），創薬など，社会全般にわたります。

　量子コンピュータに期待される貢献は，最適化問題を解くことだけではありません。量子力学は，この世界を支配している根源の原理です。量子現象をフルに活用する量子コンピュータは，究極のコンピュータなのです。人類は，この究極のコンピュータを活用して，新薬や新たな物質の創生，自然界の森羅万象の計算・シミュレーションなどあらゆる分野でその恩恵を享受することになるでしょう。

世界と日本

　量子コンピュータの開発は，各国家や企業の生き残りをかけての熾烈な競争となっています。世界，とくに米国と中国そして英国，欧州，オーストラリアなどの，量子コンピュータへの力の入れようと開発のスピードは，真に驚異的と言えます。

　それに比べて日本はと見ると，「輝かしい成果」は少なくないものの，残念ながら個別の努力に終わってしまっていました。せっかくの世界に誇る成果やアイデアも，後が続いて来なかったのです。

やっと最近，日本政府にも，大規模な予算を投入して，開発を集中させようとする動きが出始めたところです。このような状況下で一番のネックとして痛感されているのが，人材不足です。量子コンピュータ分野の「**量子ネイティブ**」の育成が急務となっているのです。

本書の目的と特徴

　本書は，「量子コンピュータとは何なのか，何の役に立つのかを知りたい」という読者のために書かれました。量子コンピュータの原理を理解するうえで，本格的に量子力学をマスターする必要はありません。量子がどのように振る舞うのかを理解し，イメージできれば，まずは十分と思われます。

　現在，量子コンピュータ関連の書籍はたくさん出版されています。しかしながら，読者の多くは，「量子コンピュータがどのようにはたらくのか，結局分からなかった」という不満を抱いておられるように見受けられます。その原因は，量子のあまりにも常識破りな性質について，イメージがつかめないためではないでしょうか。そう感じて，量子の振る舞いについてのイメージが湧き，量子コンピュータについての必要最小限の知識が得られるような入門書の作成を思い立ちました。

　本書では，量子コンピュータについてまず概観したのち，皆さんを「**量子テーマパーク**」にご招待することにしました。量子の不思議な振る舞いをそこで体験し，量子の振る舞いを素直に受け入れていただくことが目的です。

　結局私たちは，量子がなぜそのように振る舞うのかを理解していないのです。量子の不思議な性質を根源的には理解していなくても，人類はその性質を量子コンピュータとして利用できるのです。人類は，量子の性質をありのままに受け入れて，量子コンピュータに利用しようとしているだけなのです。ですから，量子コンピュータを理解するには，「量子はそのように振る舞うものだ」と受け入れるしかないのです。

　しかしながら，ただ受け入れるようにと言われても，イメージが湧かないと，量子コンピュータは分かった気になれないでしょう。そこで本書では，量子の振る舞いや量子コンピュータの仕組みについて，イメージが湧くような工夫をこらしました。例えば，読者の皆さんが抱くであろう疑問を例題として取り上げ，その疑問への解答例を示しました。

　初めて量子コンピュータに興味を持ってその概要をつかみたいという読者のために，本書の本文では，数式の使用は最小限にとどめました。しかし，それでは物足りない読者のために，付録に数式での簡潔な説明を試みました。ところどころ本文や付録に設けた問題は，理解をさらに深めていただくためのものであり，巻末に解答例も用意しました。付録や問題をわずらわしく思われる方は，無視していただいても問題ありません。

　疲れた頭を休めていただくために，章末のコラムとして，興味を持っていただけそうな 7 つの話題をちりばめました。古典コンピュータ[※1]の歴史，スパコン（富岳など）の歴史や役割，量子力学の多世界解釈と量子コンピュータ，ワームホールタイムマシンと量子力学，マルチバース（多宇宙）理論と多世界解釈などについてです。

本書の構成

　本書は 7 つの章と 4 つの付録から構成されています。

　第 1 章では，量子コンピュータの概観をまとめます。まず量子についての概念をつかんでいただいたうえで，量子コンピュータについての概要を述べます。ここでは，古典コンピュータとの違い，歴史，種類などについて，量子コンピュータの概要を頭に入れてください。

　量子コンピュータは，量子ゲート方式と量子アニーリング方式とに大別されます。量子ゲート方式については第 5 章，量子アニーリング方式については第 6 章で詳述します。

　第 2 章は，量子の不思議な振る舞いと量子コンピュータの基本についてです。まずは皆さん，「量子テーマパーク」で量子の不思議な振る舞いを心行くまで楽しんでください。そのうえで，量子コンピュータの原理をイメージとしてとらえてください。

　第 3 章は，量子アルゴリズムについて説明します。量子アルゴリズムが無いと量子コンピュータは古典コンピュータに勝る強みを発揮できません。まずは，代表的な量子アルゴリズムであるグローバーとショアのアルゴリズム

※1　量子コンピュータという言葉に対して，従来のコンピュータを古典コンピュータと呼びます（1.2 節参照）。

などについて解説します。

この章では，まずこの2つのアルゴリズムの本質をできるだけ平易に解説することに努めます。量子ゲート方式コンピュータが実用化されると，現代社会を支える「暗号」が解読されてしまい，セキュリティに支障が生じます。その実情と対策について述べた後，セキュリティとは直接関係が無いアルゴリズムについても解説します。

第4章では，量子コンピュータを実現するための量子ビット候補とその開発状況について紹介します。どんな量子ビットが開発されているのかについて，概略をつかんでいただくことが目的です。なお，現在先頭を走っている量子ビットは，超伝導回路量子ビットです。超伝導回路で世界で初めて量子ビット操作に成功したのは，中村泰信，Yuri Paskin，蔡 兆 申 の3氏です（1999年）。

第5章は，汎用計算用の量子ゲート方式コンピュータについてです。第3章で説明した量子アルゴリズムを実現するためには，量子ゲート方式コンピュータが必要です。（ただし，量子アニーリング方式コンピュータも，特殊なハードウェアを追加することによって，汎用計算が可能になることが知られています（1.4.1節参照）。）IBM，Google などは，数十個の量子ビットながら，クラウドでの，および直接の利用を可能にしています。

汎用計算モデルは主に4種類に分類できます。まずそれらについて簡潔に記述した後，最も一般的なモデル，量子回路モデルについて説明します。第3章のアルゴリズムなども量子回路図で示します。

量子コンピュータはノイズに弱いので，最終的には，生じた誤りを修正する誤り耐性量子ゲート方式コンピュータが必要です。誤り訂正については，ほんのエッセンスだけですが解説します。

第6章は，量子アニーリング方式コンピュータについてです。これは，世界で需要が多い最適化問題を高速で解く，専用の量子コンピュータです。最適化問題では，要素の数が増えるとともに指数関数的に計算時間が増加してしまい，古典コンピュータで解くのが事実上不可能になります。D-Wave 社が商用化に成功し，現在5,000量子ビットのシステムを提供しています。

まず，量子アニーリング法を直観的に説明し，続いて，量子アニーリング方式コンピュータがどのように最適化問題を解くのかについて解説します。し

かしながら，最適化問題を解く際には，必ずしも量子コンピュータを必要としないのです。そこで，古典アニーラなどの開発状況についても触れます。

第7章は，量子コンピュータの開発状況と将来の展望についてまとめます。世界の企業や研究所が，量子コンピュータの開発にしのぎを削っています。その現状を紹介したうえで，量子コンピュータの近未来を展望します。

付録では，数式での簡潔な説明やコンピュータに関する数学概念の解説を試みます。付録Aでは，量子ビットと量子ゲートを，付録Bでは，量子アルゴリズムを数学的に記述します。本文ではすっきり理解できなかった疑問も，数式によって明確に理解・整理できることを期待しています。付録Cでは，量子力学の基本方程式であるシュレーディンガー※2方程式をまず定式化し，それを用いる断熱型量子計算モデルと量子アニーリング法での方程式などについて解説します。また，付録Dは，コンピュータの限界を理解するうえで多用される計算量問題についての簡潔な解説です。

量子コンピュータにいま何を？

「中身を知らなくてもコンピュータは使える」と言いたい方もたくさんいらっしゃると思います。確かに，私自身，大型コンピュータやパソコンの中身をよく知らずに使ってきました。

しかし，量子コンピュータに関しては，そうは言っていられません。「いま話題の量子コンピュータが，将来どう社会に関わって行くのだろうか」と疑問を持つなら，中身について大まかにでも理解していなければなりません。

現在，量子コンピュータの商用化にいち早く成功し，量子コンピュータの時代の到来を世界に知らしめたスタートアップ企業，D-Waveを始め，IBM，Googleなどの既存の企業も，クラウドサービスなどで，実際に量子コンピュータを体験できるようにしています。すなわち，量子コンピュータで実際に何ができ，どう利用できるのか，将来に向けて先行投資をする時期が，今なのです。

そんなとき，量子コンピュータの基本的な原理が頭に入っていたほうが，断然有利です。現在の日本は，量子ネイティブの人材が圧倒的に不足している

※2　シュレディンガーの表記も多いですが，本書ではシュレーディンガーに統一しました。

という問題を抱えています。その解消に向けての一助になればと願って，本書を作成しました。

　本書によって読者諸氏が，量子コンピュータの原理を直観的に理解し，現状と展望の概略をつかんでいただけたら，大変幸いに思います。さらに，読者の中から，量子コンピュータの開発や応用を支え，切り開いていく人材が数多く輩出するとしたら，こんなにうれしいことはありません。

目 次

ブックデザイン······相京厚史（next door design）
第 2 章イラスト······（株）さくら工芸社

本章の目的は，「量子コンピュータとは何か」について大まかなイメージを頭に入れていただくことにあります。まず，「量子とは何か」について考察します。続いて，現在活躍しているコンピュータと量子コンピュータとを比較し，類似点と相違点について考えます。最後に，量子コンピュータの歴史，種類，現状について概説します。

1.1 量子の世界

そもそもミクロの世界で活躍する量子とは何でしょうか。ここでは，量子の概念を大まかにつかんでください。

1.1.1 量子とは

なぜ量子という概念を導入する必要があるのでしょうか。

波としても振る舞う粒子

ミクロの世界では，粒子（電子，原子，原子核，分子など）は，波としても振る舞います。その典型的な応用例は電子顕微鏡でしょう。可視光の波長（波の山と山，または谷と谷の間の距離）が $0.4 \sim 0.8 \ \mu$m であるのに対し，電子顕微鏡の電子の波長はその 1 万分の 1 も短くなります。

電子顕微鏡では，電磁レンズやトンネル効果を利用して，ウィルスはもちろん，分子や原子までをも見ることができます。トンネル効果とは，エネルギー的に高い壁があるとき，壁をすり抜ける量子的現象であり，粒子の波の

性質により起きる現象です。透過型電子顕微鏡では，試料内での電子回折の結果生じる干渉像から，対象物の構造を観察することもできるのです。

粒子としても振る舞う光や音波

逆に，一般に波だと思われている光（電磁波）や音波などは，粒子としても振る舞います。光の強度を減らして行って，高感度の光検出器（光電子増倍管など）で観測すると，光検出器はポツンポツンとパルスを出力します。すなわち，光は 1 個 1 個数えられるようになるのです。古くは 1905 年に，光電効果（金属に光を当てると電子が飛び出して来る現象）を，アインシュタイン[※1] が「光は粒子として振る舞う」として見事に説明しました（(1.3) 参照）。

粒子，光，音波を量子と総称

そのため，ミクロの世界では，粒子と波を区別する理由が無くなって，粒子と波を**量子**（quantum）と総称するのです。量子の不思議な振る舞いについては，第 2 章で体験していただきます。

> **例題 1.1　波と粒子（1）**
>
> 「粒子が波のように振る舞う」ということに対する次のような疑問にどう答えますか。
> 「水の波は水面が揺れて伝わっていくものですが，もともと水は水分子（すなわち，粒子）の集まりです。また，空気中を伝わる音波も疎密波，すなわち，窒素分子や酸素分子が疎になったり密になったりしている波です。このような波が，干渉や回折を起こしています。ですから，粒子が波のように振る舞うと言われても，全然不思議ではない気がします。」

解答例　日常経験する水面の波や空気中を伝わる音波についてはその通りで，**分子の集団が波として**観測されています。それに対して量子の世界では，なんと，**粒子と思われている電子や分子など 1 個 1 個が，波の性質である干**

[※1]　Albert Einstein（独，米，1879-1955）量子論での貢献も大きく，「相対論よりもずっと多くの時間を使って量子論について考えた」と言っています。光電効果の理論によって 1921 年にノーベル物理学賞を受賞し，日本に招待されて乗っていた船の中でその知らせを聞きました。ほぼ 1 人で完成させた相対論では，ノーベル賞を受賞していません。

渉や回折現象を起こすのです（2.1.1 節参照）。　　　　　　　　　　　◇

例題 1.2　波と粒子（2）

それなら，「ミクロの世界では，粒子と思われている電子などは広がりを持った波であり，光も広がりを持った粒である」と考えれば何も矛盾が無いのではないでしょうか。

解答例　素晴らしい推論です。粒子や光などを，そのように**波束**（波のかたまり）としてとらえると，粒子や光などが波のように振る舞うことをイメージしやすいかもしれません。

しかしながらそれは観測されるまでの間で，粒子や光子などは観測されると「粒」として見えるのです。このことを，**波束の収縮**と言います（例えば 2.1 節参照）。電子や光子は，現在に至るまで大きさの上限（半径 $< 10^{-20}$ m）しか測定されていないのです。つまり，現在のところ電子や光子は点状粒子なのです。

原子や原子核には固有の大きさがあり，原子の半径は約 10^{-10} m，原子核の半径は約 10^{-15} m です。「粒子が波として振る舞うときの波長は，速さ（より正確には運動量）に反比例する」（付録 C.1.1 節参照）と考えると，干渉効果などが説明できるのです。　　　　　　　　　　　　　　　　　　　◇

例題 1.3　波と粒子（3）

例題 1.1 と 1.2 の説明で，ますます分からなくなりました。1 個 1 個の粒子が波のように振る舞い，光などの波が粒子として 1 個 1 個数えられるとのことですが，それは一体どういうことなのでしょうか。分かりやすく説明してください。

解答例　残念ながら，根源的には誰も理解できていません。自然がそのようになっていて，人智を超えているとしか言いようがないのです。量子がそのように振る舞うことを受け入れて，量子コンピュータなどに応用しているのです。　　　　　　　　　　　　　　　　　　　　　　　　　　◇

1.1.2 ミクロの世界

ミクロの世界は，原子や分子の世界で，大きさで言うとナノ（nano）メートル（1 nm = 0.001 μm = 10^{-9} m），またはそれ以下の領域です。そこでは，**プランク定数**（h）が本質的に重要な役割を果たしています。ここで h は，現在では，

$$h \equiv 6.62607015 \times 10^{-34} \text{ J} \cdot \text{s} = 6.62607015 \times 10^{-34} \text{ kg} \cdot \text{m}^2/\text{s} \qquad (1.1)$$

と定義されています。(1.1) で $\equiv$ は恒等式または定義式を表す記号です。プランク定数は，2019 年 5 月 20 日に (1.1) が定義値となりました。また，J はエネルギーの単位です。$\hbar$（エッチバー，換算プランク定数）もよく使われ（例えば付録 C.1.1 節参照），次のように定義されます。

$$\hbar \equiv \frac{h}{2\pi} \simeq 1.054572 \times 10^{-34} \text{ J} \cdot \text{s} \qquad (1.2)$$

問題 1.1 キログラム原器とプランク定数

プランク定数が (1.1) のように定義値となったため，重さ（質量）の定義値として長い間使われてきたキログラム原器が，ついに博物館行きとなりました。キログラム原器にはどんな不都合があったのでしょうか。また，現在，1 kg はどのように定義されるのでしょうか。後者へのヒント：物理量の単位系として国際単位系（SI）が使われ，その基本単位のうち，長さ，質量，時間は，それぞれ，m（メートル），kg（キログラム），s（秒）で表されます。そのうち，1 m と 1 s は，すでに物理定数と物理現象を用いて定義されています。 ♡

1900 年にプランク[※2] は，溶鉱炉などからの光の振動数（1 秒間に振動する回数）分布を正確に記述する「プランクの放射公式」を発見しました。プランクは，この公式を理論的に導こうとして**エネルギー量子仮説**に至ったのです。すなわち，「振動数 f の振動子は，そのエネルギー E が次式のように**量子化**されていなければならない」という仮説です。量子化とは，物理量がと

[※2] Max K. E. L. Planck（独，1858-1947）プランクは，エネルギー量子仮説を提唱したにもかかわらず，アインシュタインが 1905 年に提唱した**光量子仮説**を終生受け入れませんでした。

びとびの値を持つことです。

$$E = hf \tag{1.3}$$

プランク定数が非常に小さいため，マクロの世界ではエネルギーなどの測定値が連続的になり，私たちは量子的な振る舞いに気づかないのです。

1.2　量子コンピュータと古典コンピュータ

最近，量子コンピュータ（量子計算機）という言葉をよく耳にします。その「量子コンピュータ」に対して，これまでのコンピュータを「古典コンピュータ（古典計算機）」と呼んで区別します。現在のコンピュータを「古典」コンピュータと呼ぶことに違和感を覚える方も少なくないでしょう。「古典」の由来は，物理学では「量子論」に基づかないものは「古典論」（量子力学に対して古典力学など）という言い方をするからで，相対性理論も古典論です。古典コンピュータは，スマホ，家電，自動車などいたるところで活躍しています。パソコン，大型計算機，スーパーコンピュータなどはすべて古典コンピュータです。

古典コンピュータと量子コンピュータを比較してみましょう。コンピュータというからには，どちらも計算をする機械です。古典コンピュータと量子コンピュータでは，何が同じでどこがどう違うのでしょうか。

1.2.1　量子コンピュータと古典コンピュータの類似点

量子コンピュータと古典コンピュータの類似点から始めましょう。

古典ビットと量子ビット

量子コンピュータと古典コンピュータのどちらもビット（bit）を使って計算します。古典コンピュータでは，昔は，連続値で計算するアナログコンピュータも活躍しましたが，現在ではほとんどすべてデジタルコンピュータとなっています。bit は binary digit からの造語で，binary は 2 進法，digit

は数字の意味です。

問題 1.2 **digit の元々の意味**

digit という言葉の元々の意味は何だったのでしょうか。　　　　　　♡

　ビットには，0 と 1 の 2 つの状態があります。古典コンピュータでは，0 と 1 の 2 進法を使って計算しています。量子コンピュータでのビットは，**量子ビット**（qubit）と呼ばれます（2.3.3 節参照）。量子ビットに対して，古典コンピュータのビットを古典ビットと呼びます。

プログラムとアルゴリズム

　また，古典と量子のどちらも，プログラム（命令文，処理手順）によって，どんな計算をするのかが決まります。プログラムは，**アルゴリズム**（計算方法）を書き下したものです。一般にアルゴリズムの良否によって，計算の効率が大きく変わります。

1.2.2　量子コンピュータと古典コンピュータの相違点

　それでは，量子コンピュータと古典コンピュータとは，具体的にどこがどう違うのでしょうか。

　一言で言えば，**量子コンピュータが量子の不思議な性質を最大限活用するコンピュータ**であるのに対し，古典コンピュータでは量子の性質を計算に間接的にしか使っていません。間接的にというのは，古典コンピュータにおいても量子力学は重要な役割を果たしているからです。つまり，古典コンピュータのハードウェアは半導体から構成されていて，半導体は，量子力学に従って動いているのです。

　量子の不思議な性質については，2.1 節でその振る舞いを体験していただきます。量子の不思議な振る舞いを体験することによって，量子コンピュータの超高速性の理由を直観的に理解することができると考えるからです。

量子ビット（計算過程および測定後の状態）

　より具体的に言うと，古典ビットは，0 か 1 の 2 つの状態しか取らない（取

れない）のに対し，**量子ビットでは 0 と 1 が重ね合わさった状態も取れる**という大きな違いがあります（例題 2.3 と 2.4 参照）。また，**複数の量子ビットが互いに波のように干渉したり，もつれ合ったりすることができる**のです。

しかしながら**量子ビットは，測定すると，0 か 1 のどちらかの状態としてしか観測されません**。量子コンピュータは，量子ビットのアナログ状態，すなわち，重ね合わせ状態（2.1.2 節参照），干渉（2.1.1 節参照），もつれ合い状態（2.1.4 節参照）を最大限に利用して，超高速計算を可能にしているのです。

量子コンピュータはアナログ・デジタル計算機

量子コンピュータの入出力は一般にデジタル（ビットが 0 と 1 のみ）ですが，計算している最中は，量子ビットが 0 と 1 の重ね合わせ状態にあったり，互いに干渉したり，もつれ合ったりしているアナログ状態です。つまり，「**量子コンピュータは，アナログ・デジタル計算機である**」と言えるのです。

量子コンピュータの計算過程がアナログであるため，ノイズに弱く，計算結果に間違いが生じます。誤りを訂正する誤り耐性量子コンピュータを造るには，量子ビット数が 100 万個以上必要と言われています。しかし，大規模化は，ノイズを増加させるなど諸問題が山積していて大変困難です。現在の量子コンピュータでは，量子ビット数は数十から数千個にとどまっています。

量子アルゴリズム

量子コンピュータが超高速性を発揮するためには，量子の不思議な性質を最大限活用したアルゴリズムが必要です。量子アルゴリズムの中で有名なのが，ショア[3]の素因数分解アルゴリズムとグローバー[4]の量子探索アルゴリズムです。それらのアルゴリズムについては，第 3 章で説明します。

エネルギー消費量

もう 1 つ，量子コンピュータと古典コンピュータとの重要な相違点があり

---

[3] Peter W. Shor（米，1958-）Bell 研究所でショアのアルゴリズムなどを発表。現在は MIT 教授です。
[4] Lov K. Grover（印，米，1961-）Bell 研究所所属。1981 年にインド工科大学を卒業後渡米し，スタンフォード大学で博士号を取得しました。

ます。それは，**エネルギー消費量**です。古典コンピュータでは大量の電力を
消費し，さらに発熱量も膨大です。一方，量子コンピュータの演算は，計算
結果を得る（測定する）とき以外は，原理的にエネルギーを消費しないラン
ダウアー（Rolf W. Landauer）の原理という重要な特長があります。

　その理由は，量子演算が可逆だからです（5.2.5 節参照）。ですから，古典コ
ンピュータでも演算を可逆にすれば同じことが言えます。ただし，量子ビッ
トの物理的操作や制御には，古典マイクロコンピュータなどが用いられます
（例えば，5.3 節，5.6.3 節参照）。それらは当然，熱を発生します。しかしな
がら，量子演算に要するエネルギーは本来的に微量です。

　超伝導を利用する量子コンピュータでの消費電力の大部分は極低温に冷却
するために使われていますが，電力消費量は（現時点で）スーパーコンピュー
タの約 1/1000 です（表 1.3 参照）。ただし，誤り耐性量子コンピュータが完
成したときの消費電力については，予断を許しません。そこでは，制御など
のために古典回路が駆使されるからです。

問題 1.3　**古典コンピュータの発熱の主な原因**
　古典コンピュータの発熱の主な原因は何でしょうか。　　　　　　　♡

1.2.3　古典コンピュータの発展と限界

　次に，古典コンピュータの進化・発展について見てみましょう（古典コン
ピュータの歴史についてはコラム 1 を参照）。

ムーアの法則

　古典コンピュータの進展は目覚ましく，その集積度は現在でも 2.4 年ごと
に 2 倍の勢いで増加しています（**ムーアの法則**（Moore's law），**図** 1.1 (a)）。
それに対応して計算速度も速くなっています。

　ムーアの法則が成り立って来たのは，大量生産によりコストも下がり，パ
ソコンなどが大衆化して，ますます需要が増えるという好循環が続いて来て
いるからです。

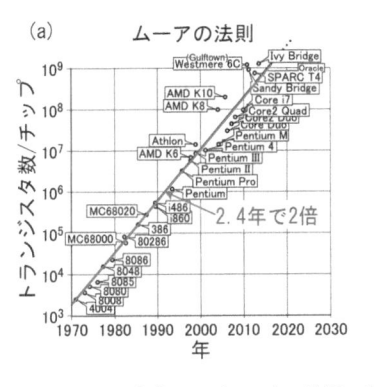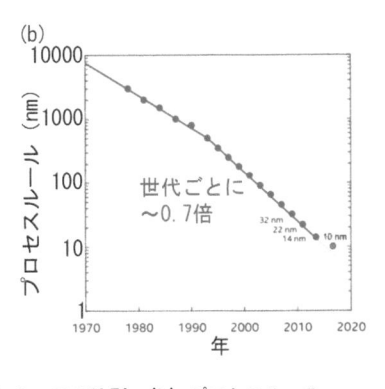

図 1.1　古典コンピュータの進展：(a) ムーアの法則，(b) プロセスルール

出典：(a) Wikipedia, https://ja.wikipedia.org/wiki/ムーアの法則, (b) https://atmarkit.itemedia.co.jp/ait/articles/1909/20/news016.html

プロセスルールの進展

　ムーアの法則が成り立つ理由は，シリコンウェハを加工する**プロセスルール**（最小加工寸法）が年とともに微細になり（図 1.1 (b)），より多くの回路が狭い領域に詰め込まれるからです。

　プロセスルールはどこまで小さくできるのでしょうか。IBM は，2015 年に7 nm，2017 年に 5 nm のテストチップの製造に成功しました。そして 2021年 5 月 7 日，IBM は，300 mm シリコンウェハ上に 2 nm のテストチップを製造することに成功したと発表しました。2 nm 技術でのプロセッサは，7 nm技術のものに比べて，性能は 45％向上し，消費電力は 75％削減できるとのことです。省エネになる理由は，微細化により印加電圧が低くなり，発熱（問題 1.3 解答例参照）も小さくなるためです。

　このように，プロセスルールは 1 nm に届こうとしていて，そこはもう量子の世界です。トンネル効果などの量子効果が効いてきて，これまでのように単にプロセスルールを小さくするだけではトランジスタの動作などが保証できなくなると思われます。プロセスルールの限界が近いこともあって，量子コンピュータの開発が盛んに行われているのです。

1.3　量子コンピュータの歴史

量子コンピュータについて考察がなされたのは，1970 年代後半ごろからでした。以下に主な進展をたどります。

1.3.1　量子コンピュータ黎明期

量子コンピュータについて初期のころに論じたのはベニオフ（Paul A. Benioff）で，1980 年に量子コンピュータが原理的にエネルギー消費無しに演算できることなどを指摘しました。科学者やコンピュータ技術者たちに量子コンピュータの重要性を説いたのはファインマン[5]で，「量子のことは量子にまかせよ」と言って，量子コンピュータが量子化学計算などに有用であることを力説しました（1981 年）。

その後，表 1.1 にあるようにドイチュ[6]らが，重ね合わせ状態をうまく使うアルゴリズムを提唱するなど研究成果を挙げていたのですが，あまり注目されませんでした。その主な理由は，量子コンピュータを造るのは至難の業であると広く認識されていたこと，また，造れたとしても実社会全般ではそれほど役に立たないだろうと思われていたからです。

1.3.2　革命的発見

その状況を劇的に変えたのはショアで，1994 年のことでした。ショアは素因数分解を高速に行うアルゴリズムを発見しました。その結果，誤り耐性量子コンピュータが登場すると，インターネットなどで日常的に使用されている RSA（Rivest-Shamir-Adleman）暗号などが解読されてしまうことが明らかになり，実社会に衝撃を与えたのです。RSA 暗号は，「数百桁以上の素

---

[5]　Richard P. Feynman（米，1918-1988）1965 年にシュヴィンガー（Julian Schwinger），朝永振一郎両氏とともにノーベル物理学賞を受賞しました。ファインマン物理学の教科書や「ご冗談でしょう，ファインマンさん」などの逸話でも有名です。

[6]　David E. Deutsch（英，1953-）オクスフォード大学にオフィスを持つものの，無給であり，教育義務も持ちません。量子論の多世界解釈のもとに量子コンピュータの振る舞いを理解しています。

表1.1　量子コンピュータの歴史

年	内容
1980 年	ベニオフが，量子コンピュータに関する基礎的な研究成果を発表
1981 年	ファインマンが，量子コンピュータの有用性を力説
1985 年	ドイチュが「量子チューリング機械[†1]」を定式化
1992 年	ドイチュとジョサ（R. Jozsa）が高速に解けるアルゴリズムを提唱
1994 年	ショアが素因数分解のアルゴリズムを提案
1995 年	ショアやスティーン（A. Steane）が量子誤り訂正アルゴリズムを提唱
1996 年	グローバーが量子探索アルゴリズムを提唱
1996 年	アロシュ（S. Haroche）らが量子デコヒーレンス[†2]の存在を実験的に証明
1998 年	門脇・西森が量子アニーリング法を発明
1998 年	量子コンピュータのプログラミング言語 QCL を実装
1999 年	中村・パシュキン・蔡（NEC）が超伝導回路量子ビットの量子演算に成功
2008 年	ワインランド（D. Wineland）らがイオントラップ型量子ビットを実証
2011 年	D-Wave が D-Wave One（128 量子ビット）を発表
2012 年	ワインランドとアロシュがノーベル物理学賞受賞：個々の量子系の計測・操作開発
2014 年	マルティニス（J. Martinis）らが 5 量子ビットで基本ゲート忠実度[†3]99%達成
2016 年	IBM が 5 量子ビットの量子コンピュータをオンライン公開
2019 年	1 月 9 日，IBM が世界初の商用 IBM-Q system One（27 量子ビット）を発表
2019 年	10 月 23 日，Google グループが量子超越性[†4]を初実証したと発表

†1 付録 D.1.3 節参照
†2 量子の重ね合わせ状態が壊れる現象
†3 1 からエラー率を引いた値
†4 量子コンピュータが古典コンピュータに比べて超高速に演算すること（1.4.3 節参照）

数の積を素因数分解することが，古典コンピュータではほとんど不可能であること」に立脚して実用化されているのです。

　こうして量子コンピュータの実社会での効用（脅威）の一端が明らかにはなりましたが，それでも量子コンピュータを実現するのはほとんど不可能という悲観論が一般的でした。それは，量子コンピュータがノイズに弱く，生じた誤りを訂正することが不可能と思われていたからです。古典コンピュータでは，ビットを測定して，反転していたら訂正することができます。しかしながら，量子コンピュータでは，計算途中で量子ビットを測定することはできません。なぜなら，重ね合わせ状態にある量子ビットを観測すると，0 か 1 のどちらかになってしまい，状態を壊してしまうからです。

　さらに，誤りを訂正するためには，量子状態を複製（コピー）する必要があると思われていましたが，**量子複製不可能定理**（no-cloning theorem，付録 A.2.3 節参照）により，重ね合わせ状態の量子ビットの複製はできないのです。誤り訂正ができずに間違った結果を与えるコンピュータなど，誰が使いたいでしょうか。

　その悲観論を一掃したのは，ショアを始めとする科学者たちでした。1995 年にショアらは，量子複製不可能定理の存在にもかかわらず，**量子誤り訂正**が可能であることを示したのです。そのため，量子コンピュータ開発の機運が一気に高まり，世界各地で実験的挑戦と多面的な理論的追究が盛んに行われるようになりました。

　その努力の結果，着実に成果は挙がり，量子ビットの**コヒーレンス時間**（デコヒーレンス時間ともいう）が長くなり，量子ビットの数も増えて行きました。コヒーレンス時間は，量子の重ね合わせ状態などが壊れるまでの時間です。

　しかしながら，「量子コンピュータが実用化されるのはまだまだ先で，少なくとも数十年はかかる」と思われていました。この後の発展については次節で述べることにします。

1.4　量子コンピュータの種類と開発の現状

　この節では，まず量子コンピュータの分類について考え，続いて，量子コンピュータ開発の現状について概観します。

1.4.1　量子コンピュータの分類

　本書では，量子コンピュータを「量子ゲート方式」と「量子アニーリング方式」とに分類します。なぜ，「アナログ式とデジタル式」，「特化型と汎用型」の分類法を使わないのかについて，以下に説明します。

量子ゲート方式と量子アニーリンク方式

　量子コンピュータは当初，古典コンピュータと同様に汎用型を目指して開発

されて来ました。古典コンピュータでは，ビットをゲートに通すことによって計算します。それにならって，個々の量子演算を**量子ゲート**と呼び，量子演算を行って計算するコンピュータを**量子ゲート方式コンピュータ**と呼びます。

ところが，商用コンピュータとして最初に世に現れたのは，**量子アニーリング方式**でした。量子アニーリング方式は，組み合わせ問題の最適化に特化した量子コンピュータです。量子アニーリング方式では，量子ゲートは用いず，量子ビットを初期化したのち，状態を連続的に変化させることによって欲しい最終状態を得ます。どちらの方式でも，最後に量子ビットを観測して結果を得ます。

すなわち，量子コンピュータは主に量子アニーリング方式と量子ゲート方式とに大別されるのです。

アナログ式とデジタル式という分類

量子アニーリング方式をアナログ式，量子ゲート方式をデジタル式と呼ぶ文献も少なくありません。しかし，量子コンピュータの計算は本質的にアナログ的なので，本書ではその呼び方は用いません（1.2.2 節参照）。

とは言うものの，「アナログ式」という名称なら，断熱量子コンピュータや直接的量子シミュレータなども含めることができます。

断熱量子コンピュータは，絶対零度で断熱的に（高いエネルギーに励起されずに）時間変化させて計算するので，量子アニーリング方式の特殊な場合と考えることもできます。

直接的量子シミュレータは，現実の物質（量子系）を，実験的に制御可能な系にモデル化し，時間発展させて解を得る方法であり，まさに「量子のことは量子にまかせよ」の計算方式と言えます。量子アニーリング方式コンピュータは，量子シミュレータとしても運用可能です。それで，本書では以後，量子アニーリング方式コンピュータを「アナログ式」を代表する量子コンピュータとして扱います。

特化型と汎用型という分類

量子コンピュータの分類として，特化型と汎用型という分類も多く見かけますが，本書ではこの分類も避けることにしました。なぜなら，量子アニー

リング方式コンピュータも，汎用計算が可能になるように改良できるからです（文献 [グランブリング]）。そのためには，非疑似古典回路の付加によって制御性が向上し，さらにノイズを極限まで改善するか，または誤り訂正を実装する必要があります。非疑似古典効果とは，古典シミュレーションでは実現不可能な量子的効果を言います。非疑似古典回路はそれを実装する回路です。

これも量子コンピュータ？

2017 年 11 月 20 日，内閣府と NTT が「量子コンピュータ QNN（Quantum Neural Network）の開発に成功した」と発表しました。QNN も最適化問題に特化しています。QNN は光パルスを利用しているので極低温に冷却する必要はなく，2,000 量子ビットで高速に最適化問題を解くことができるといいます。

しかしながら現在では，QNN は量子コンピュータとは言えないということになっています。それは，量子性を十分に利用していないという理由からのようです。

QNN が量子コンピュータから除外された結果，量子コンピュータは，量子ゲート方式と量子アニーリング方式の 2 種類に大別されることになります。

1.4.2　量子アニーリング方式コンピュータの開発

2011 年になって突然，「カナダのスタートアップ企業 D-Wave が量子コンピュータの販売を開始した」というニュースが流れました。（本書では，ベンチャー企業でなく，スタートアップ企業という言葉を使うことにします（問題 1.4 参照）。）2013 年には NASA（ナサ）と Google が約 1 千万ドルで共同購入してテストを開始しているとのことでした。しかし，世界の大部分の人は，本当に量子コンピュータが造られたとはなかなか信じようとはしませんでした。

問題 1.4　**スタートアップ企業とベンチャー企業との違い**

日本では，「ベンチャー企業」という言葉はよく聞きますが，「スタートアップ企業」という言葉はあまり耳にしません。どう違うのでしょうか。　　♡

やがて，D-Wave の量子コンピュータは，量子ゲート方式ではなく，**量子**

アニーリング法を用いた量子アニーリング方式であることが明らかになりました。しかも量子アニーリング法は，1998 年に**門脇正史・西森秀稔**[※7]両氏が発明した方法（門脇氏の博士論文）であることも判明しました。

量子アニーリング方式コンピュータは，最適化問題を高速で解く専用の量子コンピュータです。最適化問題は，扱う対象の数が増えるほど組み合わせの数が膨大になり，古典コンピュータでは計算時間がかかり過ぎて解くのが不可能になってしまいます。最適化問題を解くことができれば，経済界においても大きなメリットがあるため，世界の注目を集めているのです。量子アニーリング方式コンピュータについては，第 6 章で詳述します。

1.4.3　量子ゲート方式コンピュータの開発

量子ゲート方式コンピュータが実用化されたとき，その計算能力は，多数の計算分野において古典コンピュータをはるかにしのぐと期待されています。

しかしながら，古典コンピュータをはるかにしのぐ計算能力を発揮するためには，量子アルゴリズムの開発が必要不可欠となります。その例がショアやグローバーのアルゴリズムであり，それを実行するためには，一般には量子アニーリング方式ではなく，量子ゲート方式の量子コンピュータが必要なのです。

量子ゲート方式コンピュータの開発には，IBM, Google, Microsoft, Intel, Alibaba（アリババ）など IT ビッグ企業を先頭に，IonQ, Rigetti などのスタートアップ企業も加わって，熾烈な開発競争が繰り広げられています。例えば IBM は，2016 年に量子ゲート方式コンピュータ（わずか 5 量子ビットでしたが）をクラウドで無料公開しました。

2019 年 10 月 23 日には，Google を中心とするグループが**量子超越性**（quantum supremacy）を初めて実証したと発表しました。量子超越性は，「量子コンピュータが，ある計算（実用的かどうかは問わない）を，古典コンピュータと比べて圧倒的に速く行えること」を言います。量子超越性を示すことが，

※7　にしもりひでとし（日，1954-）東京工業大学名誉教授・特任教授。「量子アニーリング法を量子コンピュータに応用することは考えてもみなかった」とのことで，改めて欧米での大学発の企業化率の高さに感心したとのことです。

量子コンピュータ開発の重要なステップの 1 つでした。

　グループによると，当時最速のスパコン（Summit）で 1 万年かかる計算を量子コンピュータでは 200 秒でできたといいます（計算の概要については付録 A.4 節参照）。IBM は「スパコンに大容量の記憶装置を追加すれば 2.5 日でできる」とすぐに反論しました。

　この計算を実現したのは，約 1 cm × 1 cm のチップに組み込まれた 53 個の transmon（transmission line shunted plasma oscillation）量子ビットを 10 mK（0.01 K）の極低温[8]に冷却した装置です（図 1.2）。

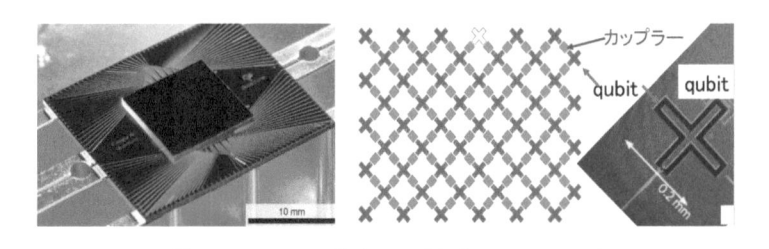

図 1.2　Google が開発した量子プロセッサチップ
出典：https://www.qmedia.jp/google-supremacy-1/

　さらに，2020 年 12 月 3 日，中国の中国科学技術大学のグループが 76 光子を用いた「九章」という名の量子コンピュータで量子超越性を達成したと発表しました。現段階で世界最速を誇るスパコン富岳をもってしても 6 億年かかる計算が，たった 200 秒で計算できたとのことです。ただし，量子ゲート方式とは言うものの，ゲートの変更はできない固定された状態での計算でした。

　これらは，あくまでも量子超越性実証のためだけの計算であり，実用になる計算ではありません。

　このように，量子コンピュータの進展には目を見張るものがあります。量子ゲート方式コンピュータについては，第 5 章で解説します。量子ビットや量子ゲートの数式については付録 A にまとめました。

※8　K は絶対温度の単位で，ケイまたはケルビン（kelvin）と読みます。絶対 0 度は，0 K ＝ −273.15°C です。

1.4.4　量子コンピュータの現状

　表 1.2 に，量子ゲート方式と量子アニーリング方式を比較します。量子ビットとして，超極低温（10 mK）に冷却した超伝導量子回路が先頭を走っていますが，捕捉イオン，光子などを量子ビットとして用いる量子コンピュータも追随しています。量子ビット候補については，第 4 章で紹介します。実機として使用可能となっている量子ビット数は，量子アニーリング方式がずっと多く，量子ゲート方式の 2 桁上になっています。その理由については，第 6 章で考察します（例題 6.1 参照）。

表 1.2　量子コンピュータの種類と開発現状（2021 年 6 月現在）

種類	量子ゲート方式	量子アニーリング方式
計算方法	初期化・量子ゲート演算後測定	初期化・連続変化後測定
開発企業・機関	IBM，Google，IonQ，⋯	D-Wave，⋯
量子ビット数	65	5,000
動作環境	極低温（10 mK），室温・超高真空	極低温（10 mK）
物理系	超伝導量子回路，捕捉イオン，⋯	超伝導量子回路
適用分野	原理的にはすべての分野（素因数分解，量子探索，⋯）	最適化問題，量子シミュレーション，サンプリング，⋯

　表 1.3 は，スーパーコンピュータと量子コンピュータとの比較表です。消費電力や計算速度の例として，スーパーコンピュータでは「富岳」，量子コンピュータでは D-Wave Advantage を挙げました。富岳は，引退した京の後継機として，2021 年 3 月 9 日に本格運用を開始しました。現時点での富岳の計算速度は京の約 50 倍ですが，省エネに成功して，消費電力が京の 3 倍で済んでいるといいます（コラム 5 参照）。

　表 1.3 によると，古典コンピュータの弱点は発熱，消費電力，必要面積の膨大さであり，量子コンピュータの弱点は拡張性であることが分かります。量子コンピュータは，量子ビットの数が 100 万個を超えると誤り訂正が現実的になると考えられています（7.3.3 節参照）。

　しかしながら，それには少なくとも 20 年はかかると見られていて，それまでは NISQ（Noisy Intermediate Scale Quantum）デバイスとして古典コン

ピュータとのハイブリッド型で活躍を図るでしょう。つまり，数百〜数千 量子ビットの量子デバイスが，誤り訂正無しであっても古典コンピュータではできない計算パートを受け持ち，古典コンピュータと協力して成果を挙げようという方策です。量子コンピュータの現状と展望については，第 7 章で詳述します。

表 1.3　スーパーコンピュータと量子コンピュータ（文献 [長橋] を元に作成）

コンピュータ（例）	スーパーコンピュータ（富岳）	量子コンピュータ（D-Wave Advantage）
利用目的例	シミュレーション，創薬，気象予報	最適化問題，量子シミュレーション，創薬
消費電力	28.3 MW	20 kW
計算速度	4.15×10^{17} FLOPS[†1]	数十 μs/課題
並列度	15 万 CPU[†2]	n 量子ビット → 2^n の並列計算
弱点	発熱・消費電力・必要面積	拡張性・誤り訂正実現の困難
近い将来	専用チップ（AI 用など）の開発	NISQ・古典コンピュータのハイブリッド

†1 FLoating-point Operations Per Second，浮動小数点演算能力
†2 Central Processing Unit，中央演算処理装置

コラム ❶ 古典コンピュータの発展

　計算する道具として古くからそろばんがあり，今も利用されています。計算尺は，数十年前まで工学計算には必需品でした。これらは計算器（calculator）と呼ばれます。

　計算機（computer）の進歩には目覚ましいものがあります。1960 年代には，まだ紙テープやパンチカードの束を大型計算機の入力媒体として使用していました。パンチカードの束を落としたりしようものなら，順番をそろえ直すのに大変な苦労が強いられました。パンチカード 1 枚には，1 つの命令文に対応する孔（あな）が空けられ，順番を示す通し番号の孔もありました。計算機と言えば，卓上の手回し式計算機（タイガー計算機）も活躍していました。腕がだるくなるほどハンドルを回して計算していた人も身近にいました。現在の電卓，パソコン，スマホの普及には隔世の感があります。

　機械式計算機の発明には，パスカル※9やライプニッツ※10の名前が出てきます。機械式計算機は，シッカート（Wilhelm Schickard）による1623年の発明が最初のようです。パスカルは1640年代に機械式計算機を作りましたが，加減計算しかできませんでした。ライプニッツは1670年代に「段付き歯車」を用いて加減乗除ができる計算機を作りました。

　現在のようなデジタル計算機の概念を提案したのは，バベッジ※11でした。バベッジは1834年，世界で初めてプログラム可能な機械式汎用計算機を提案しました。エイダ・ラブレス※12は1843年に，フランス語で書かれたバベッジのイタリアでの講演記録を翻訳しました。ラブレスは，その翻訳に詳細な注釈を付け，汎用計算機の大きな可能性を予見していたことで有名です。

　1936年，チューリング※13は汎用計算機の動きを具体化した数学モデルを作りました。この機械は「チューリングマシン」と呼ばれています（付録D.1節参照）。

　実際の汎用型計算機は1930年代から，ほぼ同時にあちこちで開発されました。計算機は，第2次世界大戦での軍事目的のために開発され，火砲の弾道計算などに使用されたのです。中でも，ENIAC（Electronic Numerical Integrator And Computer）は，初の全電子式のコンピュータ（ただし10進法）で，モークリー（John W. Mauchly）とエッカート（Pres Eckert）が中心になってペンシルベニア大学に造った機械でした。17,468本もの真空管を使い，その必要な床の広さは長さ30メー

※9　Blaise Pascal（仏，1623-1662）「人間は考える葦である」，「クレオパトラの鼻がもう少し低かったら……」などの言葉で有名です。
※10　Gottfried W. Leibniz（独，1646-1716）微積分法をニュートンとは独立に発見しました。ライプニッツ記法が，微積分の記号として一般的に使用されています。
※11　Charles Babbage（英，1791-1871）蒸気機関で計算機を駆動することを考えたのですが，予算がかさみすぎて実現には至りませんでした。
※12　Augasta Ada Lovelace（英，1815-1852）詩人第6代バイロン（George G. Byron（英，1788-1824）代々のバイロンの中で最も有名な詩人）の一人娘。数学の教育も受けていました。具体的な計算プログラムも書いたので，「最初の（ペーパー）プログラマー」と呼ばれています。プログラム言語Adaは，アメリカ国防省の予算のもとに開発され，彼女の名にちなんで命名されました。
※13　Alan M. Turing（英，1912-1954）第2次世界大戦中は暗号解読に従事し，ドイツ軍のエニグマ暗号解読に成功しました。しかし戦後も機密扱いだったため，彼に対する周りの評価は不当に低かったのです。戦後，同性愛の罪で逮捕されてホルモン治療を受け，精神を病んで自死しました。2009年にイギリス政府が彼への不当な処置について謝罪しました。

トル，幅 2.4 メートル，重さは 30 トンで，160 kW の電力を使いました。「こんなに多くの真空管を使えば，次々と真空管が壊れて計算にならないだろう」と言われていましたが，エッカートによる注意深い設計のおかげで，1 週間に数本しか壊れなかったそうです。

ENIAC はもともと 1 つの目的のための計算機でしたが，戦後にはいろいろの目的で使われるようになりました。そのたびに配線をつなぎ替え，スイッチを設定し直さなければなりませんでした。設定の変更は，それ専門の 6 名に任されていました。配線のつなぎ替えには演算内容の深い理解が必要不可欠であり，彼女らは世界初の「プログラマー」となったのです。

ENIAC の後継機の設計に当たって，フォン・ノイマン[※14]型アーキテクチャ（基本構成）が提案されました。この方式には，モークリーやエッカートらとの入念な議論の末に到達したのですが，フォン・ノイマンが単名で報告書を作成して，それが広く流布されたため，フォン・ノイマン型（ノイマン型）と呼ばれているのです。フォン・ノイマン型は，プログラムがメモリに内蔵され，命令とデータが演算処理装置に送られて計算する方式です。現在のコンピュータは，ほぼすべてフォン・ノイマン型です。

1948 年にトランジスタが発明されると，真空管はトランジスタに置き換わり，それ以来トランジスタは, IC (Integrated Circuit), LSI (Large Scale Integration), VLSI (Very LSI), ULSI (Ultra LSI) と進化して来ました。その結果，未だに古典コンピュータの集積度は，ムーアの法則に従って伸びているのです。（参考文献 [アイザックソン]）

※ 14 John von Neumann（ハンガリー，米，1903-1957）ハンガリー生まれの天才。量子論の本も有名です。

量子の不思議な振る舞いと量子コンピュータ

量子コンピュータでは，量子の不思議な性質を最大限利用します。量子が示す性質は，まったく常識破りです。量子はなぜそのように振る舞うのでしょうか。実は誰も答えることはできません。「量子はなぜだか分からないが，そのように振る舞う」と素直に受け入れて定式化することによって，量子現象が矛盾なく説明でき，応用できるのです。

　この章では皆さんを，まず「量子テーマパーク」にご招待します。そこで量子の不思議な振る舞いを体験していただきたいのです。その体験のもとに，量子ビットについて直観的なイメージをつかみ，量子コンピュータがなぜ強力なのかの根源の理由に迫っていただくことが本章の目的です。

2.1 「量子テーマパーク」へようこそ

　さあ，あなたは「量子テーマパーク」に来ています。量子の不思議な振る舞いを，まずは心ゆくまでお楽しみください。

2.1.1 量子ダーツ

　量子テーマパークに入ると，まず「量子ダーツ」という看板が目に入ります。見るとガラス板の向こうのボードに，「100」と書かれた細い帯（100 の帯）が縦に 2 本並んでいます（**図** 2.1（a））。その 100 の帯にダーツを当てるゲームのようです。

　「ガラス板越しに当てるなんて無理だ」と思ってよく見ると，ガラス板に 2 本の細いすき間（スリット）が空いているのに気が付きます。しかも，ちょうどそれぞれのすき間の真後ろに 100 の帯があるのです（図 2.1（b））。「こ

図 2.1　量子ダーツ

れは楽勝ではないか」，あなたはそう思って所定の位置に立ち，100 の帯をね
らってダーツを投げます。「えっ，当たらない！」 100 の帯からずれた位置
にダーツが刺さっているのです。あなたは慎重に 100 の帯をねらって投げま
すが，何度投げても 1 本も当たりません（図 2.1（c））。

当たらない理由

　なぜ当たらないのでしょうか。説明パネルを見ると，その理由が次のよう
に書いてありました。

　当たらない理由は，波の干渉効果のためです。「量子ダーツは 1 個 1 個数え
られる粒子」と思ってしまいますが，実は波の性質も持っているのです。量
子ダーツは波のように振る舞って，2 つのすき間を通ります。2 つのすき間
からの波は，互いに干渉するのです。2 つの波の山と山，または谷と谷が重
なると強め合い，山と谷が重なると弱め合います（干渉効果，**図 2.2**）。

　量子ダーツは，ボード上で強め合った位置に刺さるのです。多数のダーツ
を投げると，たくさん刺さる場所と全然刺さらない場所の縞模様（**干渉縞**）が

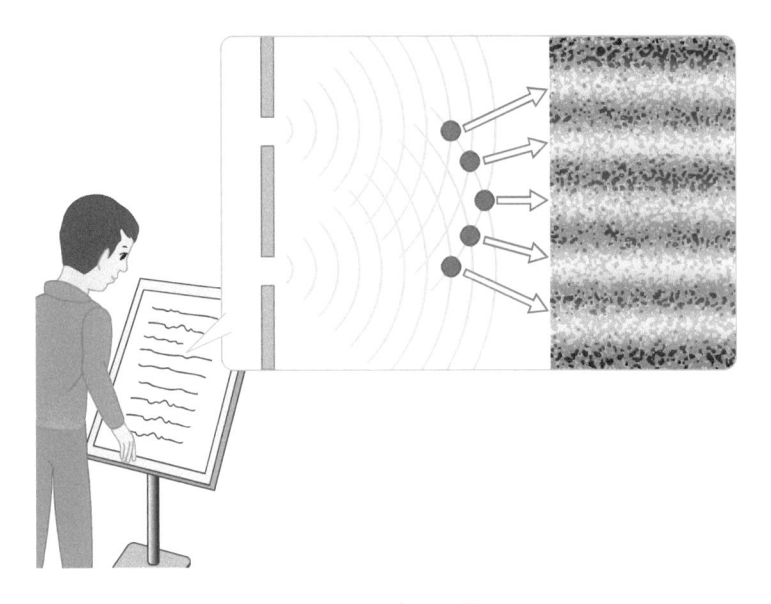

図 2.2　量子ダーツの説明

できて来ます（図 2.2）。この干渉効果を考慮に入れて，100 の帯には刺さらないように設計されているのです。

100 の帯に当てる方法

さらに説明は続いて，100 の帯に当たるようにするための方法が 2 つ書いてありました。

方法 1. 薄い透明な紙で 2 つのすき間を覆う方法

　　薄い透明な紙をガラス板に貼ってダーツを投げると，透明な紙に孔が空き，ダーツがどちらのすき間を通ったかが分かります。つまり通り道を観測したことになり，干渉現象は起こらず，すき間の真後ろにある 100 の帯に刺さるようになるのです。

方法 2. 片方のすき間をボール紙で覆う方法

　　ボール紙で片方のすき間を覆うと，ダーツは，ボール紙で覆われていないもう一方の空いているすき間しか通れません。そのため，干渉現象は起こらず，方法 1. と同様に真後ろの 100 の帯に刺さります。

　そこに透明な紙とボール紙が置いてあったので，あなたは両方の方法を試してみます。なるほど，どちらの方法でも見事に 100 の帯に刺さりました。

この節のまとめと説明

1. この装置は，**ヤング**[※1]の有名な**二重スリット実験**の現代版です。「量子ダーツ」がヤングの実験の「現代版」であるのは，1 個ずつ粒子を入射するというところです。

　　1800 年にヤングは，光を二重スリットに通すと干渉縞ができることを発見して，光が波である証拠の 1 つを示したのです。しかし，当時の科学界はなかなか光の波動説を受け入れませんでした。**ニュートン**[※2]が光の

※1　Thomas Young（英，1773-1829）ヤング率（縦弾性係数）にも名を残しています。医師でもあり，ロゼッタストーンのヒエログリフ解読を試みたことでも有名です。

※2　Isaac Newton（英，1642-1727）万有引力の発見と定式化だけでなく，光学などでも反射望遠鏡を発明するなど功績を残しました。フックやライプニッツとの先取権争いでも有名です。1699 年から造幣局長官を務め，偽金造りを徹底的に取り締まりました。錬金術にも凝ったようです。

粒子説を好んだとして，当時の科学者たちがニュートンの権威にとらわれていたためと言われています。

2. ミクロの世界では，粒子は波のようにも振る舞うのです。1個の粒子であっても，二重スリットなどでは波の性質を示します。二重スリットを通過後，2つのスリットからの波は干渉を起こし，干渉で強め合う位置に粒子が観測される（量子ダーツが刺さる）のです。たくさんの量子ダーツを投げると，刺さった位置は縞模様（干渉縞）を作ります（図 2.2）。

3. 逆に，波（光，音波など）は粒子としても振る舞います。光源を弱くして，光を光子として1個1個二重スリットを通す実験では，スクリーン（量子ダーツではボード）上の1点に光子が観測されます。実験を多数回繰り返すと，粒子のときと同様に干渉縞ができます。

4. 量子ダーツは，二重スリットでは波として振る舞いますが，ボードに達して刺さったときには，粒子として目に入る（観測される）のです。すなわち，観測されたとたん，波として広がっていた量子（波束）が1箇所に粒子として収縮するのです（波束の収縮）。

5. どちらのスリットを通ったかを観測したり，片方をふさいだりすると干渉は起きず，干渉縞はできません。

2.1.2 量子吹き矢

次のアトラクションは量子吹き矢です。「さあ，不思議な量子吹き矢ですよ。挑戦してみませんか」の声。係の人がやさしい声で誘っています。「この筒をこう持って，的をねらって矢を吹いてみてください。」

まずは吹いてみると

早速あなたは，ボードの真ん中の小さな的をねらって吹いてみます。すると，矢は上に曲がって的の上に刺さりました（**図 2.3**）。「この筒は矢を上に曲げるくせがあるらしい」，あなたはそう思って今度は的の下の方をねらって吹いてみます。ところがなんと，今度は矢は下に曲がって的を大きく外れたのです。気を取り直して的をねらって何度か吹いてみると，矢は上か下のどちらかに曲がることが分かりました。

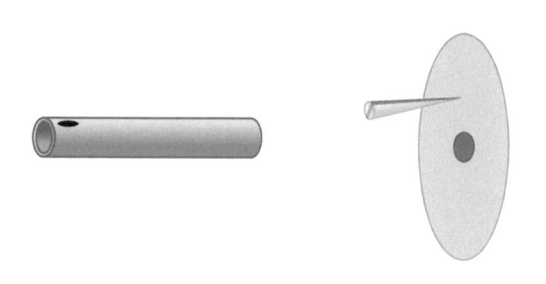

図 2.3　量子吹き矢

「つまりこの筒は，矢を上向きか下向きかに分ける道具なのです」と言って，係の人は的の上方に刺さった矢を見せてくれました。すると，矢に沿って描かれた赤い線が上側になっていました。的の下側に刺さった矢を調べてみると，その赤い線は下側になっているのです。つまり，赤い線が上側にある矢は「上向きの矢」，下側にある矢は「下向きの矢」と言えるのです。

「矢を上向き（赤い線を上側）にして吹いて確かめてみてください。」そこであなたは矢を上向きにして吹いてみると，確かに矢は上に曲がりました。下向き（赤い線を下側）にセットすると，矢は下に曲がりました。

矢を右向きにして吹いてみると？

「さて，ここからが本番です。矢を右向き（赤い線を右側）にして的をねらって吹くと，矢はどこに刺さるでしょうか。」あなたは「筒は矢を，矢の赤い線の向きに曲げるに違いない」と思って，「的の右側では？」と答えます。すると，係の人はにっこり笑って「それでは，やってみてください」と言いました。的に当てようとして的の左側をねらって吹くと，なんと矢は上に曲がったのです。「残念でした。もう一度同じようにして吹いてみてください。」なんと今度は下に曲がりました。

結局，矢を右向き（赤い線を右側）にして吹いたときも，矢は上または下のどちらかに曲がりました。そして，上側に刺さった矢の数と下側に刺さった矢の数は，ほぼ同数でした。

なぜそうなるのかの説明

「頭の中はハテナマークでいっぱいになりますよね。」係の人がそう言って，そうなる理由を説明してくれました。

「この筒は，上向きの矢（上に赤い線のある矢）は上側に，下向きの矢（下に赤い線のある矢）は下側に曲げることは，始めに確かめましたね。

次に，矢を右向き（赤い線を右側）にして吹いたときにも，矢は上または下に曲がりましたね。なぜでしょうか？　この筒が矢を上下に分ける道具であることを思い出してください。つまり，右向きの矢をこの筒に入れたときも，この筒は，上下どちらかにしか曲げられないのです。矢を右向きに入れたのに上か下に曲がることを説明するために，**重ね合わせの原理**を導入します。つまり，『右向きの矢は，上向きの矢と下向きの矢の**重ね合わせ状態**になっている』と考えます。『重ね合わせ状態のうち，上向きの矢は上向きに力を受けて上に曲がり，下向きの矢は下向きに力を受けて下に曲がる』と考えるのです。」

「重ね合わせ状態なんて不思議ですよねぇ。でもそのように考えると，量子の不思議な振る舞いが素直に説明できるのです。」係の人は笑顔で続けました。「量子の世界では，（少なくとも）2つの状態（例えば上向きと下向き）があるとき，それらの重ね合わせ状態が作れるのです。でも測定する（筒で吹く）と，上向きか下向きのどちらかしか観測されないのです。」

さらに続けて係の人は言いました。「刺さった矢を調べてみてください。」さっそく，刺さった矢を調べてみると，なるほど，矢を右向きに入れたのに，的の上方に刺さった矢の赤い線は上（上向きの矢）に，下方に刺さった矢の赤い線は下（下向きの矢）になっていました。

筒を前の方に90°回して右向きにする（黒い点を右側にする）と

「さあ，このアトラクションの最後の問題ですよ。」係の人が言いました。「筒の上側に黒い点がありますね。今までは，黒い点を上にして吹いていました。今度は黒い点を右側にして，矢を右向き（赤い線を右側）にして的をねらって吹いたら，矢はどちらに曲がるでしょうか。」そこであなたは考えます。「筒の向きと矢の向きがそろっているときは，同じ向きに力を受けるので

はないだろうか」，あなたはそう考えて「的の右側に曲がるのでは？」と答えます。係の人はにっこりうなずいて言いました。「それでは確かめてみてください。」吹いてみると，その通り，矢は右側に曲がりました。矢を左向き（赤い線を左側）に入れて吹くと，矢は左に曲がりました。

「重ね合わせ状態については分かりにくかったけれど，量子の世界はそういうものだと受け入れることにすれば，量子の振る舞いが少し理解できるような気がする。」あなたは，そう思いながらその場を後にします。

この節のまとめと説明

1. この量子吹き矢は，1922 年の**シュテルン・ゲルラッハ実験**（Stern–Gerlach experiment）を再現したものです。筒は不均一磁場を作る磁石（**図** 2.4）を，矢はその実験で使われた銀原子を模しています。不均一磁場磁石は，ここでは図 2.4 のように，上側（$+y$ 側）が平らな磁極，下側（$-y$ 側）が鋭角の磁極を持つ磁石です[※3]。

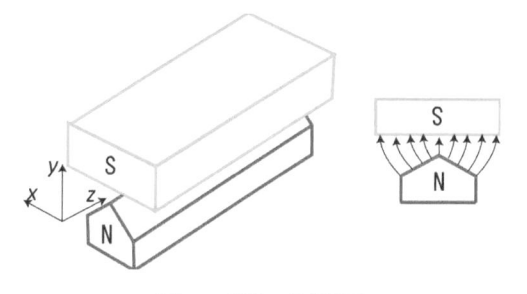

図 2.4　不均一磁場磁石

2. 銀原子は中性（正と負の電荷が打ち消し合って 0）なので，一様磁場中では力を受けません。不均一磁場中で力を受けることから，銀原子は磁気モーメント（磁石的性質）を持っていることが分かります。銀原子は，電子の**スピン**（「自転」による自己角運動量）に起因するスピン $\frac{1}{2}$ を持ちます。ここで角運動量とは，回転運動の勢いを表す量です。スピン

[※3]　磁場（磁束密度）の y 成分を B_y とすると，$\frac{\partial B_y}{\partial y} < 0$，すなわち，下側（$-y$ 側）が強い磁場になっています。

は，j を非負の整数として，$\frac{j}{2}\hbar$ の値を持ちます（$\hbar$ は (1.2) 参照）。スピン $\frac{1}{2}$ は，$j = 1$ のときの自己角運動量で，$\hbar$ は通常省略します。電子のスピンは $\frac{1}{2}$ です。

3. スピン $\frac{1}{2}$ の状態には，例えば上下方向を**量子化軸**（スピンの向きを量子化するときの方向を決める軸）とすると，上向きと下向きの「2つの向き」（2つの取りうる状態）があります。水平方向を量子化軸とすれば，右向きと左向きの 2 つの状態が許されます。スピンが $\frac{1}{2}$ の粒子は，小さな磁石と思ってよいです。

4. 不均一磁場磁石（ここでは筒）によって，$\frac{1}{2}$ スピンの向きが測定できます。図 2.4 の場合の不均一磁場磁石の量子化軸は，上下方向になっています。図 2.4 で，銀原子は不均一磁場磁石に $+z$ 方向に入射します。不均一磁場磁石（筒）の鋭角な磁極が上向き（図 2.4 で $+y$ 方向）のとき，上向きスピンの銀原子は上側（図 2.4 で $+y$ 方向）に，下向きスピンの銀原子は下向き（図 2.4 で $-y$ 方向）に力を受けます。

5. 「スピン $\frac{1}{2}$ の粒子は小さな磁石と思ってよい」と書きましたが，ここで量子力学と古典力学の違いが出ます。もし吹き矢（銀原子）が古典的な小磁石だったら，上から下まで連続的な位置に刺さるはずです。ところが，スピン $\frac{1}{2}$ の粒子の場合は，上か下の 2 ヵ所のどちらかにしか刺さりません。つまり，2 つの状態に「量子化」されているのです。

6. 鋭角な磁極が上向きの不均一磁場磁石（筒）にスピンが右向きの銀原子を入れると，銀原子は，スピンが上向きの銀原子と下向きの銀原子を重ね合わせた状態になります。したがって，銀原子が不均一磁場を通ると，約半数は上に，約半数は下に曲がるのです。このとき，スピンが右向きの個々の銀原子が，上に曲がるかそれとも下に曲がるかについてはまったく予言ができません。言えることは，それぞれの確率が 50% であるということだけです。

7. 磁場の向き（鋭角の磁極の向き）が，量子化軸を決めます。磁石の鋭角な磁極を右向き（筒の黒い点を右側）にすると，右向きのスピンは右に，左向きのスピンは左に力を受けます。つまり，スピン $\frac{1}{2}$ の粒子は，磁石の鋭角な磁極の向き（筒の黒い点の向き）に力を受けるか，またはその逆向きに力を受けるかのどちらかです。

問題 2.1 銀原子のスピン

銀原子の原子番号が 47 であるという事実から，銀原子のスピンが $\frac{1}{2}$ であることを説明しなさい。ヒント：偶数個の電子のスピンは，一般に 2 個ずつ対になって互いに打ち消し合います。また，原子核の持つスピンは，ここでは無視できます。　　　　　　　　　　　　　　　　　　　　♡

2.1.3　偏光の不思議

次のアトラクションに来てみると，「さあ，こちらのアトラクションでは，不思議な現象を実際に目で見て確かめることができますよ」という声がしました。

液晶画面と偏光板

係の人から長方形の薄い透明なプラスチック板を手渡されます。これは**偏光板**というものだそうです。「このパソコンの画面に偏光板を置いて，画面に置いたまま回してみてください。」係の人に言われて偏光板を回転させてみると，回転につれて画面が暗くなり，やがて真っ暗になりました。さらに回転させるとまた画面が見えるようになります。長方形の板を縦にしたときが一番画面が明るく見え，横にすると真っ暗になることが分かりました（**図** 2.5 (a)）。

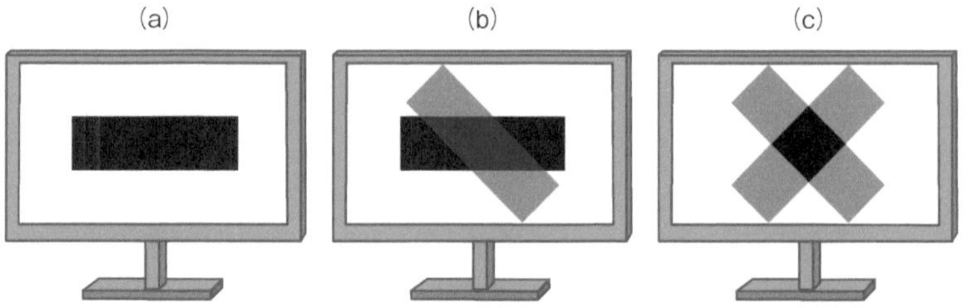

図 2.5　偏光の不思議

係の人がその理由を説明してくれました。「光には偏光という性質がありま

す。直線偏光では，互いに直交する方向の 2 種類の偏光が定義できます[※4]。例えば，一方を縦向き（$\pm y$ 方向）の偏光（図 2.6）とすると，もう一方は横向き（$\pm x$ 方向）の偏光の 2 種類です。パソコンは液晶画面であり，画面からの光は $\pm y$ 方向に偏光しています。$\pm y$ 方向に偏光している光は，縦向き（$\pm y$ 方向）にした偏光板を通過できますが，横向き（$\pm x$ 方向）の偏光板は通過できずに真っ暗になるのです。」

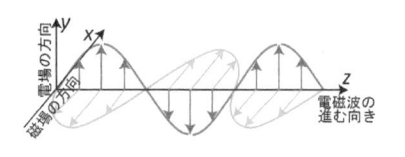

図 2.6　直線偏光

問題 2.2　偏光板の仕組み

　偏光板には細長いヨウ素化合物ポリマーが同じ方向に並んでいます。ポリマー内の一部の電子はポリマーの方向に動くことができます。このことと図 2.6 をヒントにして，偏光板の仕組みを説明しなさい。ヒント：電子は電場の方向に力を受けます。　　　　　　　　　　　　　　　　　　　　　　　　♡

液晶画面と 2 枚の偏光板

　係の人は，偏光板をもう 1 枚手渡して言いました。「さて，横向きにした偏光板の下に偏光板を斜めに入れてみるとどうなるでしょうか。」そう言われてもさっぱり見当がつきません。「では，やってみてください」と言われてやってみると，なんと，重なった部分の画面も明るく見えるのです（図 2.5 (b)）。

　「横向きの偏光板と画面との間に斜めの向きに偏光板を入れるとなぜ画面の光が見えるようになるのか，考えてみてください。ヒントは，吹き矢のアトラクションでの体験です。」係の人はうながしました。吹き矢の場合は，筒に矢を横向き（赤い線を右向き）に入れると，矢は上向きと下向きの重ね合

※4　電磁波は，電場と磁場が進行方向（図 2.6 では $+z$ 方向）と垂直に振動しています。電場が平面内（図 2.6 では yz 平面内）で振動している光を，直線偏光と言います。電場と磁場の向きは直交し，大きさは比例して振動します。

わせ状態になるのでした。「光の場合は，斜め 45° の方向に偏光板を置くと，光の偏光は $\pm y$ 方向と $\pm x$ 方向の重ね合わせ状態になるのではないだろうか。それで，その上に横向きの偏光板を置くと，$\pm x$ 方向に偏光した光が通るのではないだろうか。」あなたはそう考えてそのように説明すると，係の人は「素晴らしいです」と言って微笑みました。

「最後に，横向きの偏光板を回してみてください。どの角度で真っ暗になるでしょうか。」そう言われて横向きの偏光板を回してみると，斜めの偏光板とその上の偏光板が互いに垂直になったところで真っ暗になったのです（図 2.5（c））。「つまり，斜めに偏光板を置くことにより，その方向が，新たな偏光の方向（量子化軸）として定義されたと考えることができるのです。偏光の説明は分かりにくかったかもしれませんが，偏光板を互いに垂直にすればいつでも真っ暗になることは分かりましたね。」係の人は笑顔で言いました。

おまけ：無色透明な紙に色が着いて見える！

係の人は，「量子コンピュータとは直接関係が無いのですが」と断ったうえで，2 枚の偏光板の間に透明な紙をはさんだものを手渡してくれました。「片方の偏光板を回してみてください」と言われて回してみると，いろいろな色が見えて感動しました[5]。

この節のまとめと説明

1. 直線偏光は，光の進行方向を含む平面内で電場が振動する偏光です。光の進行方向と垂直を成す面で見たとき，互いに直交する 2 つの方向の直線偏光が定義できます。例えば，縦偏光（上下方向の偏光，図 2.6 では $\pm y$ 方向）と横偏光（水平方向の偏光，図 2.6 では $\pm x$ 方向）の 2 つであり，これがスピンの場合の上向きと下向きに対応しています。y 軸と任意の角度を成す偏光は，縦方向と横方向の偏光の重ね合わせ状態になっているのです。

2. 光を偏光板に通すことは，偏光の向きを測定したことに相当します。偏

※5 製造過程での力のかかり方などによって透明なシートに方向性が生まれ，複屈折が生じます。複屈折とは，物質において，方向によって屈折率が異なる現象です。複屈折により，偏光板を回す角度によって干渉する光の波長が異なるため，色が着いて見えるのです。

光板を斜めにして光を観測すると，その向きが改めて $\pm y$ 方向と定義されたことになります。それで偏光板を互いに垂直にすると真っ暗になるのです（図 2.5 (c)）。

3. 1個1個の光子にも縦偏光と横偏光とがあり，偏光板を通過するか否かは偏光板の向きによります[6]。

2.1.4　2つの量子吹き矢

　量子コンピュータに関連する最後のアトラクションは，2つの量子吹き矢です。ガラス戸の向こう側に，吹き矢の筒が2本背中合わせにして置かれています。左右の壁にはそれぞれ円形のボードがかかっていて，ボードの中心には小さな的が描かれています（**図 2.7**）。

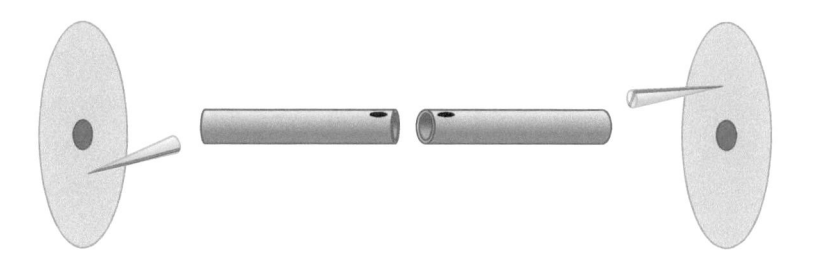

図 2.7　2つの量子吹き矢

　この部屋では，係の人が次のように説明してくれました。「ボタンを押すと2本の矢がセットされ，左右に矢が発射されるのです。まずはボタンを押してみてください。」促されてボタンを押すと，矢が挿入され，発射されて，左右のボードに刺さりました。見ると左側の矢は的の下側に，右側の矢は的の上側に刺さっています（図 2.7）。

---

[6]　偏光は光子のスピンによって生じます。光子のスピンは1ですが，2つの状態しか取れません。円偏光は，スピンの向きが進行方向か，または逆向きの場合です。直線偏光は，この2つの状態を重ね合わせた状態です。

右側の矢はどこに刺さるか

係の人がガラス戸の右側のカーテンを閉めて言いました。「もう一度ボタンを押して，右側の矢が刺さった位置を当ててください。」ボタンを押すと，左側の矢は今度は的の上側に刺さっていました。そこであなたは次のように推理します。「さっきは左の矢が的の下側，右の矢が上側に刺さったので，互いに逆向きに曲がるのだろう。」それで「右側の矢は，的の下側に刺さっているのでは」と答えます。「その通りです」と言って係の人はカーテンを開けると，予想通り，的の下側に刺さっていました。

筒を両方とも前の方に 90° 回したら

「今度は筒を両方とも前の方に 90° 回します。」係の人が両方の筒を回すと，両側の筒の黒い点が両方とも前の方に来たのが見えました。「このとき，両方の矢がどの位置に刺さるかを当ててください」と係の人が言って，両側のカーテンを閉めました。そこであなたは 1 本の筒の吹き矢のアトラクションのことを思い出して，次のように考えます。「今までの筒は矢を上下に曲げたけれど，今度は筒を両方とも前の方に 90° 回したのだから，矢を前後に曲げることになるのだろう」と。それで，「的の前と後ろに刺さると思います。どちら側が前になり，どちら側が後ろになっているかは誰にも分からないけれど」とあなたが答えると，係の人は笑顔でうなずきました。

ボタンを押すと矢が刺さる音がしました。係の人が左側のカーテンを開けると，矢は的の前の方に刺さっています。「右側の矢は的の向こう側ですね」とあなたが言うと，またも「正解です。素晴らしい」という声が返ってきました。右のカーテンを開けると，その通りでした。

左側の筒を元に戻したら

「左側の筒だけ元の角度に戻します。このときは矢がどのように刺さるでしょうか。」係の人はそう言いながら左側の筒を元の角度に戻して，両側のカーテンを閉めました。この場合について，あなたは次のように考えます。「左側の筒は矢を上下に，右側の筒は矢を前後に曲げる。両方の筒の向きが揃っているときは互いに逆向きに曲がるはず。左側の矢が上に曲がったら，

本来なら右の矢は下に曲がるはず。」そこまで考えてあなたは，1本の筒の場合を思い出します。「右側の筒が前の方に 90° 回された状態のままの場合は，前に曲がるか後ろに曲がるか半分半分になって，前後のどちらかは予言できないはず。」あなたはそう考えて係の人に答えます。「左側の筒は矢を上下に，右側の筒は矢を前後に曲げるけれど，上下，前後のどちらに刺さるかについては誰にも分からないはずです。」係の人はその答えをほめながらボタンを押して，左右のカーテンを開けました。左の矢は的の上に，右の矢は的の前の方に刺さっていました。

この節のまとめと説明

1. この装置は，1935 年に提起された **EPR 相関**（Einstein-Podolsky-Rosen steering）を具体化したものです。EPR 相関とは，2 つの粒子が**もつれ合い状態**（からみ合い状態，entangled state）になっていて，一方の粒子が観測された瞬間に，もう一方の粒子の状態が決まってしまうという現象です。昔は EPR パラドックスと言われていましたが，パラドックスではないことが分かったので，今は EPR 相関と呼ばれています。

2. EPR 相関では，片方の粒子の観測の仕方によって，もう一方の粒子の状態も決まってしまうのです。この節での例では，片方の粒子のスピンを上下方向で観測すると，もう一方の粒子のスピンは上下方向に，水平方向で観測するともう一方のスピンは水平方向に決まってしまいます。しかもこの場合は，必ず互いに逆向きになります。

3. 2 つの粒子が何百光年離れていても，そのような相関が存在することになります。それで，アインシュタインら 3 人は「量子力学には不備がある」と主張しました。すなわち，「未知の変数（「**隠れた変数**」と呼ばれます）が粒子間の相関を支配していて，量子力学はそれを考慮できていないので不完全な理論である」と主張したのです。

4. 1964 年にベル[7]が，隠れた変数の存在を仮定した場合に成り立つべき不等式（**ベルの不等式**）を導きました。1982 年にアスペ（Alain Aspect）

※ 7　John S. Bell（アイルランド，1928-1990）量子力学の根幹に関わるベルの論文は，当時は重要性が理解されず，最初の論文は科学雑誌での編集作業中に紛れてしまい，2 年後の 2 番目の論文の方が先に出版されました。

らがその不等式が破れている（成り立たない）こと，しかも，その破れ方が量子力学の予言にぴたりと合っていることを示しました。量子力学の正しさが実証されたのです。すなわち，隠れた変数は存在せず，EPR 相関は自然の摂理であることが分かったのです。EPR 相関にある状態（もつれ合い状態）を，**ベル状態**とも呼びます。

2.2　量子コンピュータへ

　量子テーマパークで体験した量子の不思議な性質は，量子コンピュータにどのように生かされるのでしょうか。

2.2.1　量子の性質と量子コンピュータ

　まず，量子の不思議な性質がどのように量子コンピュータに応用されるのかについて見ることにします。ここでは主に量子ゲート方式コンピュータを念頭に述べますが，量子アニーリング方式に当てはまる項目も少なくありません。

1. **量子ビットと並列計算**
   個々の量子を量子ビットとして活用できます。量子ビットは，0 や 1 の状態を取ることができますが，0 と 1 が重ね合わさった状態も取ることができます（2.1.2〜2.1.3 節参照）。量子ビットを操作して，0 と 1 の任意の重ね合わせ状態を作成することもできます。重ね合わせた n 個の量子ビットにより 2^n 個の状態が作られ（2.2.3 節参照），2^n 個の並列計算が実現できるのです（例えば 3.1.2 節参照）。

2. **計算への干渉効果の活用**
   量子コンピュータで最終的に得られる答えは，ビット列です。n 個の量子ビットを用いた計算では，答えもその n 個の量子ビットにアナログ的に記録されています。すなわち，n 個の量子ビットには，それぞれ 0 と 1 の状態が重ね合わさっているため，2^n 個の状態（ビット列）が記録されているのです。

答えのビット列は 2^n 個の中のほんの一部であり，大多数は答えとは無関係なビット列なのです。答えを得るためには，n 個の量子ビットそれぞれを測定しなければなりませんが，各ビットは測定に対して 0 か 1 の答えを返すので，結果として，たった 1 つのビット列が得られます（波束の収縮）。しかも，何も工夫しないで単に測定すると，ほとんどの場合，その 1 つの結果は欲しい答えとはまったく無関係なビット列なのです。そこで，量子の持つ干渉の性質をうまく使って，答えのビット列だけが残るようにするのです。量子は波としても振る舞い，互いに干渉します（2.1.1 節参照）。この干渉を利用して，答えではない状態を消し去り（観測される確率を 0 に近づけ），計算の答えに対応するビット列だけを残す（観測される確率を 1 に近づける）ようにします。計算の答えのビット列だけを残すためには，量子の性質をうまく利用した巧妙なアルゴリズムを考案する必要があるのです。

3. 計算へのもつれ合い状態の活用

2 個以上の量子を，互いにもつれ合いの状態（EPR 相関状態，ベル状態）にすることができます（2.1.4 節参照）。もつれ合い状態は，グローバーやショアのアルゴリズムで目的のビット列の確率を高めるために本質的な役割を果たしています。また，量子誤り訂正や測定型量子計算モデル（5.1.1 節参照）で活用されています。さらに，もつれ合い状態の活用は，通信分野での量子テレポーテーション（重ね合わせ状態を遠方に送信する技術，5.2.7 節参照）などでも本質的に重要です。

例題 2.1 **2 個の量子のもつれ合い状態のイメージ**

2 個の量子のもつれ合いの状態について，具体的なイメージが湧きません。日常の世界でも，次のような場合は「もつれ合い状態」と言えないのでしょうか。

「赤札と黒札の 2 枚のカードを 1 枚ずつ封筒に入れ，2 人が 1 通ずつ持って別々の方向に旅行します。旅行先で 1 人が封筒の中に赤札を見つけました。その瞬間，もう 1 人の札は黒札であることが分かります。」

解答例　確かに情報が一瞬で伝わったように見えます。しかし，この場合

は，最初から赤札と黒札のどちらかに決まっています。どちらが封筒に入っているのかについて，それぞれの人が知らなかっただけで，もつれ合い状態とは言えません。

量子力学のもつれ合い状態は，もっと不思議です。次のような例を考えてみましょう。2 人が持つ各封筒には，それぞれ別の色の「透明な色紙」が入っています。2 枚の透明な色紙は，2 枚重ねると黒色になるような色の組み合わせになっています。

1 人が封筒を開けて色紙が「空色（Cyan）」だと分かった瞬間，もう 1 人の封筒には「赤色（Red）」の色紙が入っていることが分かります。一方の色紙が「黄色（Yellow）」だった場合には，もう一方は「青色（Blue）」に決まるのです。さらに，「赤紫色（Magenta）」だったら「緑色（Green）」に決まります。

つまりこの場合，2 枚の色紙は互いに「色の 3 原色とその補色の関係」にあり，片方の色が分かった（測定した）瞬間に，もう一方の色がその補色に決まるというわけです。これが，量子もつれ合い状態のイメージです。この場合は，3 原色に限りましたが，実際は「任意の色とその補色」で構いません。つまり無限の組み合わせであってもよいのです。　　　　　　　◇

例題 2.2　超光速通信実現？

例題 2.1 によると，情報が光速を超える速さで伝わったことになり，相対論に矛盾する「超光速通信」が実現しているのではないでしょうか。

解答例　　一方の人が色紙の色を確認した瞬間に，確かに相手の色紙の色が分かってしまいます。しかしながら，相手にその情報が伝わったわけではないのです。相手にその情報を伝えたり確かめたりするためには，電話などの古典的通信手段が必要です。結論として，量子もつれ合い状態を利用して「超光速通信」を実現することはできないのです。　　　　　　　◇

これらのことがどのように量子コンピュータで実現されるのでしょうか。以下で具体的に見てみましょう。

2.2.2　量子ビット

量子コンピュータでは，古典コンピュータと同様にビットが活躍します。古典コンピュータでのビットと区別するために，量子コンピュータのビットを量子ビット（qubit）と呼びます。（qubit の代わりに qudit を活用する案も提案されています。qudit とは，状態の数が 2 個ではなく，$d > 2$ の高次元量子状態のことです。）

重ね合わせ状態

量子ビットは，古典ビットのように 0 と 1 の 2 つの状態だけではなく，0 と 1 の**重ね合わせ状態**を作ることができます。0 と 1 の重ね合わせ状態を作れることが，量子コンピュータが古典コンピュータに比べて格段の速さで計算できる最大の理由です。

例題 2.3　古典ビットと重ね合わせ状態

古典ビットにおいて，例えば電圧 0 V を 0，1 V を 1 と定義したとします。古典ビットでも中途半端な値，例えば 0.3 V や 0.6 V などの値を取れます。これらの状態は，重ね合わせ状態ではないのでしょうか。

解答例　2 進法の古典デジタルコンピュータでは，0 と 1 の 2 つの状態しかありません。0.3 V は 0，0.6 V は 1 として取り扱われます。それらの状態は，量子ビットのような 0 と 1 の重ね合わせ状態ではなく，単に 1 つの状態であり，0 または 1 のどちらかに帰すべき状態なのです。デジタルのこの性質のため，古典コンピュータはノイズに強いと言えます。　　　　　　　◇

例題 2.4　量子ビットの重ね合わせ状態のイメージ

量子ビットの重ね合わせ状態のイメージが湧きません。イメージしやすい方法は無いのでしょうか。

解答例　量子ビットを矢印（長さが 1 のベクトル）と考えてみてください。矢印が上向きのときを状態 0，下向きのときを状態 1 とします。矢印（量子ビット）は，任意の向きに向くことが許されます。例えば矢印が横向きのと

きは,「状態 0 と状態 1 が,ちょうど同じ強さで重ね合わさった状態」になります(付録 A.1.2 節参照)。**1 個の量子ビットの操作は,矢印の向きを変えることに相当します。** ◇

量子ビットを古典ビットと区別するために,ディラック[8]の**ケット記号**が用いられます。0 の状態を $|0\rangle$,1 の状態を $|1\rangle$ と書きます。$|0\rangle$ などは,ディラックが bracket(カッコ)から考案したケット(ket)記号です。ブラ(bra)記号は本文では使用しません(付録 A.1.1 節参照)。

量子ビットは一般に $|0\rangle$ と $|1\rangle$ の任意の重ね合わせ状態にあります。その状態を $|\psi\rangle$ とすると,

$$|\psi\rangle = \alpha|0\rangle + \beta|1\rangle, \quad |\alpha|^2 + |\beta|^2 = 1 \tag{2.1}$$

と表されます。ここで,$\overset{\text{プサイ}}{\psi}$ はギリシャ文字の 1 つで,その大文字は Ψ です。本書ではほかにギリシャ文字として,$\overset{\text{アルファ}}{\alpha}$,$\overset{\text{ベータ}}{\beta}$,$\overset{\text{デルタ}}{\Delta}$,$\overset{\text{エプシロン}}{\epsilon}$,$\overset{\text{エータ}}{\eta}$,$\overset{\text{シータ}}{\theta}$,$\overset{\text{ラムダ}}{\lambda}$,$\overset{\text{ファイ}}{\phi}$,$\overset{\text{オメガ}}{\Omega}$(とその小文字 ω)を用います。

(2.1) において,α と β は一般に複素数です。(複素数とは,実数と虚数 $i \equiv \sqrt{-1}$ を用いた数です。任意の複素数は,a, b を任意の実数として,$a + ib$ と表されます。電子工学などでは虚数として j の記号が用いられますが,本書では i を用います。)

重ね合わせ状態 $|\psi\rangle$ を観測すると,$|0\rangle$ または $|1\rangle$ しか観測されません。状態 $|0\rangle$ が観測される確率は $|\alpha|^2$ であり,状態 $|1\rangle$ が観測される確率は $|\beta|^2$ です。それで,係数 α,β のことを**確率振幅**と呼びます。

2.2.3　n 個の量子ビットが作る状態の数

1 個の量子ビットが $|0\rangle$ と $|1\rangle$ の重ね合わせ状態にあるとき,量子コンピュータでは $|0\rangle$ と $|1\rangle$ の 2 つの状態が同時に計算できることになります(例えば 5.4.2 節参照)。

---

[8]　Paul A. M. Dirac(英,米,1902-1984)ディラック方程式などで有名です。寡黙なことでも有名で,寡黙度の単位となるくらいでした。

2 量子ビットの状態

次に量子ビットが 2 個あるときを考えましょう。2 個の量子ビットそれぞれが $|0\rangle$ の状態にあるとき，その状態を $|00\rangle$ と書き，$|0\rangle$ と $|1\rangle$ の状態にあるときは $|01\rangle$ と書きます。以下同様に，$|10\rangle$，$|11\rangle$ の状態が定義できます。量子ビットが 2 個あると，それぞれが $|0\rangle$ と $|1\rangle$ の重ね合わせ状態を作ることができます。そのため，2 進法で $|00\rangle$，$|01\rangle$，$|10\rangle$，$|11\rangle$（10 進法では $|0)$，$|1)$，$|2)$，$|3)$）の 4 つの状態が同時に存在することになります。2 進法と 10 進法の表記を区別するため，10 進法には文献 [細谷] にならって，「$\rangle$」の代わりに「$)$」を用いることにします。

3 量子ビットの状態

3 個の量子ビットでは，それぞれを $|0\rangle$ と $|1\rangle$ の重ね合わせ状態にすることによって，$|000\rangle$，$|001\rangle$，$\cdots$，$|111\rangle$（10 進法では $|0)$，$|1)$，$\cdots$，$|7)$）の合計 8 個の状態が得られます。こうして，各量子ビットを $|0\rangle$ と $|1\rangle$ の重ね合わせ状態にすることで，量子ビットが 1 個増えるごとに，増える前の 2 倍の数の状態ができるのです。すなわち，量子ビットが増えるごとに，倍々ゲームで状態の数が増えていくことになります。

n 量子ビットの状態

n 個の量子ビットのそれぞれを $|0\rangle$ と $|1\rangle$ の重ね合わせ状態にすると，2 進法では

$$|00\cdots00\rangle, |00\cdots01\rangle, |00\cdots10\rangle, \cdots, |11\cdots10\rangle, |11\cdots11\rangle \tag{2.2}$$

10 進法では

$$|0), |1), |2), \cdots, |2^n - 2), |2^n - 1) \tag{2.3}$$

という合計 2^n 個の状態を，いっぺんに同時に作ることができるのです。

n 個の量子ビットを有する量子コンピュータでは，2^n 個の状態を一度に同時に計算できてしまうのです（量子並列性，例えば 3.1.2 節参照）。それが量子コンピュータの超高速性の秘密です。しかしながら，その結果は n 量子ビットの中に重ね合わさって存在しているのです。ですから，計算結果を得

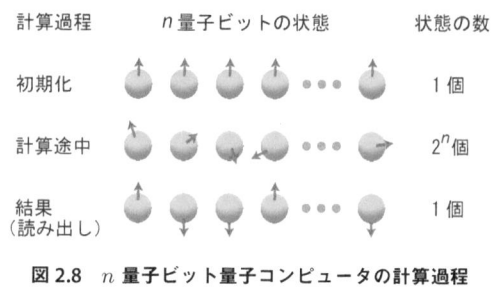

図 2.8 n 量子ビット量子コンピュータの計算過程

表 2.1 量子コンピュータの計算（n 量子ビット）

計算過程 （2^n 個の超並列計算）	計算結果（各量子ビットの測定・読み出し） （たった 1 個のビット列）
何も工夫しない場合	ほとんどの場合，答えと無関係なビット列
量子アルゴリズム	欲しい答えのビット列

ようとして測定すると，せっかく計算した 2^n 個の結果のうちのたった 1 つの結果（ビット列）しか読み出すことができません（**図** 2.8）。しかもほとんどの場合，それは欲しい計算結果ではないのです。

　そこで，欲しい結果だけが残るように工夫する必要があるのです。そのように，欲しい結果だけを残すために必要になるのが**量子アルゴリズム**です。量子アルゴリズムでは，干渉やもつれ合いをうまく使って，欲しい結果だけが残るように工夫します（**表** 2.1）。

　量子アルゴリズムの例については，第 3 章で紹介します。

量子ビットの数と状態の数

　表 2.2 に量子ビットが 50〜400 ビットのときに作られる重ね合わせ状態の数を示します。量子ビットの数が 2 倍になると，作られる重ね合わせ状態の桁数が約 2 倍になることが分かります。この宇宙の中の原子数はおよそ 10^{80} 個ですから，量子ビットが 400 個あるとそれを大きく超えてしまうのです！

2.2.4　古典・量子コンピュータにおける
ビット数についての概念の違い

　古典コンピュータでは，32 ビットマシンとか 64 ビットマシンなどという

表 2.2　n 量子ビットの重ね合わせ状態の数

n	2^n	桁数
50	1.1×10^{15}	16 桁
100	1.3×10^{30}	31 桁
200	1.6×10^{60}	61 桁
400	2.6×10^{120}	121 桁

言い方をします。パソコンの CPU（Central Processing Unit）も，しばらく前から 64 ビット版になりました。このときのビット数は，記憶装置のビット幅（単位セル）を言います。

32 ビット CPU のメモリは最大 4 GB（ギガバイト）ですが，実際は OS（Operating System）が常駐してその一部を占有しているため，利用可能な容量は 3〜3.5 GB 程度が上限となっています。ここで，1 G $= 10^9$，B はバイト（byte）で 8 ビットのことです。メモリのアドレスを，1 ビット単位でなく 1 バイト単位で指定するので，32 ビットマシンのメモリの最大は $2^{32} \simeq 4.3 \times 10^9$ バイトとなります。

64 ビット CPU のメモリは，ずっと大きくできます。（しかし，家庭用 Windows 10 では 128 GB 程度としています。）したがって，64 ビット CPU では大規模データ処理が可能となり，コンピュータの利用範囲が大きく広がるのです。

問題 2.3　**64 ビット CPU のメモリの容量**

64 ビット CPU のメモリの場合は，理論上は 18 EB（エクサバイト $= 10^{18}$ バイト）になることを示しなさい。また，128 GB のメモリは，64 ビットのうちの何ビットに相当しますか。　　　　　　　　　　　　　　　　♡

一方，量子コンピュータでのビット数にはそういう区切りは無く，必要な数の量子ビットをすべて計算に使うことができるのです。例えば 400 量子ビット量子コンピュータでは，量子ビットを重ね合わせることによって，$2^{400} \simeq 2.6 \times 10^{120}$ 通りの計算をいっぺんに行ってしまうのです。

このように，古典コンピュータと量子コンピュータでは，ビット数に対する概念に大きな違いがあるのです。

2.2.5　多世界解釈と量子コンピュータ

　表 2.2 のように，数十〜数百個の量子ビットを重ね合わせ状態にすること
で，量子コンピュータでは膨大な状態を並行して計算することができます。
このことをドイチュら多くの量子コンピュータ研究者は，量子力学の**多世界
（パラレルワールド）解釈**で理解しています（文献 [ドイチュ]）。

　多世界解釈は，エベレット（Hugh Everett III）が 1957 年に提唱した考え
方です。多世界解釈に対するそれまでの考え方は，**ボーア**※ 9 や**ハイゼンベル
グ**※ 10 らが提唱した**コペンハーゲン解釈**の「波束の収縮」です。（ボーアらが
デンマークのコペンハーゲンを拠点に活躍していたので，コペンハーゲン解
釈という名がつきました。）波束の収縮とは，「測定により，それまで広がっ
ていた波が粒子として観測され，波束の収縮が起こる」とする考えです。

　多世界解釈にもいろいろな説がありますが，ここでは現代の説（の 1 つ）を
紹介します。初めは同じ歴史を持つ多世界があって，それぞれの世界は，観
測するまでは同じ歴史をたどり，観測が行われると，多世界は測定結果が異
なるそれぞれの世界に歴史が分かれていくと考えます。（エベレットの説も含
めて，当初は，観測によって世界は分岐すると考えていました。しかし，「ど
のように分岐するのか」という難問がありました。そこで，「測定によって分
岐する」と考える代わりに，「初めから各測定結果に対応する多世界が存在し
ている」と考えるのです。）二重スリット実験では，初めから多世界があり，
それぞれの世界ではスクリーンのある位置に粒子が観測されます。「それを観
測した観測者は，たまたまその世界にいただけ」と考えるのです。

　ドイチュは，「量子論とは，干渉するパラレルワールドの理論である」と断
言し，「量子コンピュータは，多世界（**並行宇宙**）で並列計算している」と考
えています（文献 [グリビン]）。「それらの多世界がそれぞれのパートを計算
し，互いに干渉し合って結果を出していると考えるのが自然だ」と確信して

※ 9　Niels H. D. Bohr（デンマーク，1885-1962）量子論の育ての親と言われています。若い人には
　　「観測問題など量子論の難問の論争には関わらずに，研究に専心するように」と説いて，アインシュタ
　　インが投げかける量子論の原理的難問には，ボーア自身が悩み苦しんで答えていました。
※ 10　Werner K. Heisenberg（独，1901-1976）行列力学と不確定性原理で有名。ナチス政権下では相
　　対論やユダヤ人物理学者を擁護する立場を取り，党員からの強い攻撃にさらされました。ナチス政府
　　に召集され，原爆開発に関わりました。

いるのです。

「多数の世界があり，その中の 1 つの世界（私たちのいる世界）からは他の世界は観測できない」と言われても信じがたいし，証明もできません。しかしながら，「波束の収縮」も同程度に奇妙です（コラム 2 参照）。

例題 2.5 **波と粒子についての別の考え方**

二重スリット実験を，粒子が波乗りしているというイメージで説明していた記事を見た記憶があります。粒子はずっと粒子のままで，どちらかのスリットを通り，干渉縞も説明できるので，現象がすっきりと理解できたような気がしました。コペンハーゲン解釈や多世界解釈の代わりに，そのような描像ではだめなのでしょうか。

解答例 ド・ブロイ（Louis de Broglie）のパイロット波，およびそれを拡張して数式で表したボーム（David J. Bohm）のガイド波理論のことですね。粒子 1 個に波（量子ポテンシャル）が伴い，例えば二重スリット実験では，干渉した波に運ばれてスクリーンに達することで干渉縞を説明することができます。計算結果もシュレーディンガー方程式の結果と一致します。この波は観測不可能です。

この理論の最大の難点は，空間のあらゆる場所の波の影響を粒子が瞬時に（超光速で）受けるという非局所性です。この効果によって，粒子が 2 個以上の多体問題の計算が大変複雑になります。そのため，計算方法が単純であるシュレーディンガー方程式が好まれているのです。したがって，波と粒子の二重性に関する解釈もそのままになっています（文献 [林]）。　　　　　◇

2.2.6 量子ビット候補と条件

量子ビットは，具体的にどのようなものなのでしょうか。何はともあれ，$|0\rangle$ の状態と $|1\rangle$ の状態の 2 つが必要です。逆に言うと，（十分に）安定な 2 つの量子状態があれば何でもよいと言えます。ただし，個々の量子ビットを操作したいので，混線するような他の状態が無いことが必要です。

量子ビットの主な候補

量子ビット候補の例を次に挙げます。

1. エネルギーレベル

   量子の世界では多くの場合，観測値がとびとびの値に量子化されます。エ
   ネルギーの値も量子化され，それぞれの値を**エネルギーレベル**（エネル
   ギー準位）と言います。通常，**基底状態**（エネルギーが一番低く，最も
   安定な状態）を $|0\rangle$，**励起状態**（の 1 つ）を $|1\rangle$ とします。ただし，励起
   状態は準安定でなければなりません。せっかく $|1\rangle$ の状態を作っても，す
   ぐ壊れて別の状態になってしまうようでは使い物になりません。

2. $\frac{1}{2}$ スピン

   $\frac{1}{2}$ **スピン**には，量子化軸に対して，上向き/下向きの 2 つの状態がありま
   す。通常，上向きを $|0\rangle$，下向きを $|1\rangle$ とします。電子，原子核，原子，イ
   オンなどのスピンを用います。

3. 偏光（上下/左右，右回り/左回り）

   この場合の量子ビットの $|0\rangle$ と $|1\rangle$ は，光子が直線偏光の場合は上下/左右
   偏光（または左右 45° 偏光），**円偏光**[11]の場合は右回り/左回り偏光です。

4. 電流の右回り/左回り

   電流の右回り/左回り（量子化された磁束である磁束量子の，上向き/下
   向き）は，D-Wave 社製量子コンピュータの量子ビットとして使われて
   います。

5. 在り/無し

   電子（電荷または電流）や光子の，「在り」（$|1\rangle$）/「無し」（$|0\rangle$）を量子
   ビットとします。

6. トポロジカル量子

   トポロジカル超伝導体などで現れるトポロジカル量子を量子ビットとし
   て用います（より詳しくは 4.2.8 節参照）。

量子ビットの担い手

量子ビットを担う量子系は何でもよく，実際に研究開発された（されよう

---

[11] 円偏光では，進行方向に垂直な面内で光の電場の向きが回転しています。

としている）ものとして，捕捉（トラップ）イオン，中性原子，超伝導回路，光子，量子ドット（シリコン上の電子スピンなど），NMR（核磁気共鳴），ダイヤモンド NV センター，トポロジカル量子などがあります。これらの詳細と開発状況については第 4 章で述べます。

量子ビットが満たすべき条件

　量子ゲート方式コンピュータでは，量子ビットに一連の演算（量子ゲート，5.2 節および付録 A 参照）を施して計算し，その結果を読み出します。

　量子ゲート方式コンピュータ実現のために量子ビットが満たすべき条件として，2000 年にディビンチェンゾ（David P. DiVincenzo）が次の項目を挙げました。量子アニーリング方式コンピュータでは，条件 4. は直接関係ありませんが，各量子ビット間の結合の強さを設定できることが必要となります。

1. スケーラブル（拡張可能）なシステムであること
   量子ビットの増加に伴って，規模，動作回数，ノイズ，誤り率などが急速に増大しないことが必要です。
2. 量子ビットを初期化できること
3. コヒーレンス時間が，演算（ゲート操作）時間に比べて十分長いこと
   コヒーレンス時間は，量子ビットの重ね合わせ状態やもつれ合い状態が壊れるまでの時間です。デコヒーレンス時間とも言います。
4. 基本ゲートを構成できること
   基本ゲートの例として，回転ゲートと制御 NOT ゲートが挙げられます（5.2.2 節と 5.2.3 節参照）。
5. 量子ビットの状態を読み出せる（測定できる）こと
6. 静止している量子ビットを，飛行量子ビットに変換できること
7. 量子ビットを別の場所へ確実に伝達可能なこと

この最後の 2 つの項目は，量子メモリなどとのやり取りや量子情報応用のためです。

コラム ❷ 量子力学の多世界解釈と量子コンピュータ

量子コンピュータ科学者・技術者の中には，ドイチュを筆頭に，量子力学の多世界解釈を信じている人が少なくないと言います（2.2.5 節参照）。なぜでしょうか。その前に，そもそも「伝統的な」コペンハーゲン解釈とは何であり，なぜ「常識」となったのでしょうか。

20 世紀初頭に怒涛のように進展し理解が進んだ量子力学は，1925 年にハイゼンベルクの行列力学，1926 年にシュレーディンガー[※12]方程式が提唱され，ボルン[※13]が波動関数の確率解釈を提唱して完成しました。その後しばらくして，行列力学とシュレーディンガー方程式が同等であることが証明されました。その予言は，実験事実を定性的にも定量的にも大変よく説明します。

しかしながら，観測問題が大きな謎として現在も残っています。観測問題とは，コペンハーゲン解釈では波束の収縮（波動関数の収縮）と呼ぶ現象のことです。波動関数の収縮とは，量子を観測したとき，量子が取りうる可能な状態のうちの 1 つが選ばれ，あたかも波動関数が観測によって 1 つの状態に収縮したように見えることです。例えば，二重スリット実験では，二重スリットで広がった波が，スクリーン上で点として観測されます。すなわち，広がっていた波が 1 点に収縮したので，波束が収縮した（波動関数が収縮した）と言うのです。

コペンハーゲン解釈では，「実験結果のみが意味を持ち，観測する前のことは誰にも分からない」と考え（**実証主義**），「波束の収縮を説明することは時間の無駄である」と主張します。「量子力学で計算すべきこと，予言すべきことが山ほどあり，そのような哲学的な問題に時間を浪費するべきではない」と後進を戒めたのです。アインシュタインは納得しませんでしたが，大多数の科学者はその考えを受け入れて来ました。

そんな中，1957 年にエベレットが多世界解釈を提唱しました。ブラッ

※ 12 Erwin R. J. A. Schrödinger（オーストリア，1887-1961）後年の著書「生命とは何か」での「生物は負のエントロピーを食べている」なども有名です。

※ 13 Max Born（独，1882-1970）1933 年のユダヤ人排斥運動によってゲッティンゲン大学教職を解雇され，家族とともに渡英しました。

クホールの命名者としても有名なホイーラー※14の研究室で，宇宙の波
動関数という考えに接してのアイデアでした。宇宙の波動関数はただ1
つ存在するだけなので，観測装置も観測者も波動関数に含まれ，外から
の観測者は存在しないことになります。コペンハーゲン解釈での「量子
の世界と非量子のマクロの世界」という区別を取り払い，観測者の必要
性を取り除いたのです。

　多世界解釈では，宇宙の波動関数が時間とともに発展して行って，初
めからあった多世界が，観測が行われる度に非常によく似たそれぞれの
世界に分かれて行くと考えます（**実在主義**）。実在主義では，「波ではな
く粒子が，観測が行われる前も後も存在し続ける」と考えます。多世界
解釈では，宇宙の波動関数によって予言される割合でそれぞれの世界が
存在していると考えるのです。多世界の各世界は，歴史が分かれた後は，
お互いの存在を感知できないと考えます。

　例として再度，二重スリット実験を考えましょう。コペンハーゲン解
釈の「それまで実在していた波のほとんどが，スクリーンに衝突した瞬
間に消え去ってしまう」という考えは，不自然極まりないことです。多
世界解釈では，「広がった波は，スクリーン上，衝突する可能性のある
すべての場所に衝突する」と考えます。そして，「粒子が衝突した地点
ごとに別々の世界がある」と考えるのです。粒子の波を「実在している
もの」と考えると，多世界解釈にならざるを得ません。

　EPR 相関も，多世界解釈では「観測される多世界は初めから存在し
ている」と考えます。すると，コペンハーゲン解釈での「遠隔相関があ
る」という不思議は無くなります。例えば，例題 2.1 で「空色」の色紙
を観測した場合を多世界解釈で説明すると，初めから「空色」と「赤色」
の組み合わせの世界が存在していて，その世界で観測が行われただけ，
と考えるのです。

　現代版多世界解釈では，「**デコヒーレンス**が，それぞれの世界の歴史
が分かれる原因をつくる」と考えています。デコヒーレンスとは，「重ね

※14　John A. Wheeler（米，1911-2008）ファインマンなどたくさんの研究者を育てたことでも有名で
す。

合わせ状態やもつれ合い状態が，周りの環境との相互作用により壊れること」を言います。物体を構成する原子数が多いほど壊れる時間が速くなることが知られています。すなわち，量子の重ね合わせ状態は，観測装置も含めての重ね合わせ状態となり，デコヒーレンスによってその重ね合わせ状態が破れ，それぞれの世界に分かれていくと考えるのです。

なお，多世界（パラレルワールド）という言葉は，同じくホイーラー研究室出身のデウィット（Bryce S. DeWitt）が命名し，世界に広めました。多世界は，現在，超弦理論などで提唱されているマルチバース（multiverse，メガバース）の 1 種と考えられています。マルチバースはユニバースのもじりで，我々のような宇宙が多数存在するという考えです。多世界は，マルチバースのうち，この宇宙の中の世界というわけです（コラム 7 参照）。

デウィットは，初めエベレットの考えについて行けず，「現実世界は分かれていかない。なぜなら私たちはそのような世界を認知しないから」という手紙をエベレットに送りました。エベレットの返答は「あなたは地球が動いているのを感じますか」でした。それでデウィットは多世界解釈推進派になったのです。

また，ドイチュは，1977 年にホイーラーとデウィットが企画した研究会でエベレットの講演を聞き，多世界解釈の信奉者になるとともに，その考えのもとに量子コンピュータの概念に至ったそうです。「たくさんの量子ビットの重ね合わせ状態による計算は，多世界のそれぞれで計算していると思うことにより，量子コンピュータの仕組みが理解できる」と考えるのでしょう。（参考文献 [ニュートン，グリーンスタイン]）

第3章 量子アルゴリズム

量子アルゴリズムは，量子ゲート方式コンピュータの利点を最大限に生かす高速計算に必須のもので，今日までに数百ほど提案されています[1]。量子アルゴリズムでは，量子の不思議な性質をうまく利用して高速計算をし，必要な答えのみが残るようにして測定し，結果を得るのです。逆に言えば，量子アルゴリズムが無いと量子ゲート方式コンピュータの性能はガタ落ちとなり，古典コンピュータに対する高速性の優位性は無くなるのです。ただし，省エネの優位性は残っている可能性があります。1994年に提案されたショアの素因数分解アルゴリズムは革命的でした。インターネットなどで日常的に利用されている RSA (Rivest-Shamir-Adleman) 暗号などが，量子コンピュータによって解読されてしまうことが示されたのです。この発見によって，量子コンピュータの脅威と有用性が世界に広く認識されました。

本章では，1996年に提案されたグローバーの量子探索アルゴリズムを，まずできるだけ分かりやすく説明します。グローバーのアルゴリズムもまた，暗号（セキュリティ）にも関係していることが興味深いところです。

グローバーの次はショアのアルゴリズムの説明ですが，その前にまず RSA 暗号について簡潔に解説します。ショアのアルゴリズム自身は少し数学的に複雑なので，アルゴリズムの流れの紹介にとどめます（数式は付録 B.4 節参照）。

グローバーとショアのアルゴリズムの説明に続いて，日常的に使用さ

※1　英語版は https://quantumalgorithmzoo.org/，日本語版は https://www.qmedia.jp/algebraic-number-theoretic-algorithms/を参照してください。

れている暗号（セキュリティ）などが，量子ゲート方式コンピュータが
実用化されたときに，どのような影響を受け，どう対応すべきかについ
ても考察します。

　しかしながら，グローバーとショアのアルゴリズムの紹介だけでは，
「量子ゲート方式コンピュータと量子アルゴリズムは，セキュリティの脅
威にしかならない」と思われてしまうでしょう。そこで最後に，セキュ
リティ関連以外のアルゴリズムについても紹介します。

3.1　グローバーの量子探索アルゴリズムと暗号

　1996 年にグローバーは，**量子探索アルゴリズム**を提案しました。膨大な数
（N 個）の無秩序なデータの中から，目的のデータを探し出すアルゴリズム
です。古典コンピュータでは 1 個 1 個探索するので，目的のデータが 1 個の
場合，非常に運がよいときはたった 1 回で，運が悪いと $(N-1)$ 回，平均 $\frac{N}{2}$
回探索することになります。以下に示すように，量子コンピュータが完成す
れば，グローバーの量子探索アルゴリズムを用いて，約 $\sqrt{N}$ 回で目的のデー
タを探し出すことができるのです。

3.1.1　探索するデータの実際例

　まず，大量のデータを探索する場合について考えてみましょう。セキュリ
ティ関連の具体的な探索例として，**パスワード**，**共通鍵暗号**，**ハッシュ値**が
挙げられます。すなわち，量子コンピュータによってパスワードが知られた
り，暗号が解読されたり，データ改ざんが可能になったりしてしまいます。
これらパスワードや暗号は社会の至るところで使われているので，量子コン
ピュータが実現すれば社会への脅威となるのです。

パスワード

　例えばネットバンキングやインターネットを通じての発注など，ネットワー
ク経由でログインするときなどに使われるパスワードについて考えてみましょ

う。パスワードは，大小英文字が 26×2 文字，数字が 10 文字，記号が 31 文字，合計 93 文字の組み合わせで作られます。k 個の文字数では，93^k 個の組み合わせができます。パスワードとして通常 8 文字以上の文字を用いることになっているので，正しいパスワードを探索する場合，$93^8 \simeq 5.6 \times 10^{15}$ 以上の組み合わせの中から探すことになります。

問題 3.1 **パスワードと PIN の違い**

パスワードと似た言葉に，PIN（Personal Identification Number，個人識別番号）があります。どのように違うのでしょうか。　　　　　　♡

共通鍵暗号

共通鍵暗号とは，送信者と受信者が共通の鍵を持つものです。

共通鍵暗号の 1 例であるバーナム暗号は，Gilbert S. Vernam が 1919 年に特許を取得した暗号で，現在は特許切れになっています。バーナム暗号では，送信したい平文（または，ひらぶん）を数値化し，2 進法のビット列にします。そのビット列と共通鍵を，ビット毎に**排他的論理和**（$0 \oplus 0 = 0$, $0 \oplus 1 = 1$, $1 \oplus 0 = 1$, $1 \oplus 1 = 0$）をとって暗号文とします。ここで $\oplus$ は，排他的論理和の記号です。

問題 3.2 **暗号文を平文に直す**

暗号文を平文に直すとき，上記の簡単な暗号化では，単にもう一度共通鍵との排他的論理和を取ればよいのです。その理由を述べなさい。　　　　♡

バーナム暗号の共通鍵はランダムなビット列であり，それをワンタイムパッド（1 回限りの暗号）として使います。そのため，バーナム暗号は真に安全な（情報理論的安全性を有する）暗号として知られています。しかしながら，平文と同じサイズの共通鍵が毎回必要なので，これまでほとんど使われて来ませんでした。

現在使われている共通鍵の例として，AES-128（Advanced Encryption Standard-128bit）があります。AES-128 は 128 ビットなので，共通鍵の組み合わせの数は $2^{128} \simeq 3.4 \times 10^{38}$ 個となります。

　ハッシュ（hash）値は固定長の数値であり，データに**ハッシュ関数**を演算して得られます。データをほんのちょっとでも改ざんすると，ハッシュ値はまったく異なった数値になるので改ざん防止などに使用され，タイムスタンプやブロックチェーンなどに利用されています。タイムスタンプは，ある時刻以降にデータが改ざんされていないことを保証するために，その時刻を安全な形で記録しておく技術です。また，ブロックチェーンは，分散型台帳とも言われ，ネットワーク上の複数のコンピュータに取引情報を同時に安全に記録していく技術で，ビットコインなどに使用されています。

　SHA256（Secure Hash Algorithm-256bit）でのハッシュ値は 256 ビットであり，組み合わせの数は $2^{256} \simeq 1.2 \times 10^{77}$ 個となります。SHA256 は，パスワードをハッシュ化して認証を行う方式にもよく使われ，直接パスワードを格納しているよりは安全です。この場合の組み合わせの数は，パスワードの長さで決まります。

3.1.2　グローバーの量子探索アルゴリズム

　グローバーのアルゴリズムを用いると，N 個のデータの中から目的のデータを約 $\sqrt{N}$ 回で探索できます。例えば 100 兆個のデータがあった場合は，グローバーのアルゴリズムでは約 1,000 万回で済むことになります。探索問題について，グローバーのアルゴリズムが最速であることが証明されています。すなわち，これ以上の改善は望めません。

　どのようにしてそれを実現するのでしょうか。そのカギが，量子並列性です。n 個の量子ビットでは，2^n 個の状態が作れることになります（2.2.1 節参照）。2^n 個のデータに一斉に問い合わせることができるのです。

　ここで**オラクル関数** $f(x)$ を次のように定義しましょう。oracle（神託）は「神のお告げ」という意味です。

$$f(x) = \begin{cases} 1: & \text{目的のデータ} \\ 0: & \text{それ以外} \end{cases} \tag{3.1}$$

(3.1) において，x は 10 進法で $x = 0, 1, 2, \cdots, N-1$ の値を取るものとします。オラクル関数は，x が与えられたとき，正しい x にだけ 真（$= 1$）を返し，それ以外のときは 偽（$= 0$）と答えてくれる関数です。

例題 3.1 **オラクル関数の存在について**

オラクル関数を定義できるということは，目的のデータが見つかっているということを意味するのではないでしょうか？ 少なくとも，オラクル関数が分かっているなら，量子コンピュータの完成を待つまでもなく，古典コンピュータでもすぐに目的のデータが発見できるのでは？

解答例　各データに問い合わせたときに，目的のデータかどうかを答えてくれないと，そもそも探索はできません。それを答える数学モデルが，オラクル関数というわけです。量子コンピュータにとってオラクル関数は，ブラックボックスとしてはたらきます。すなわち，グローバーのアルゴリズム自身では，どのデータが答えかを知らないまま各データに一斉に問い合わせるのです。

ただし，グローバーのアルゴリズムを実際問題に適用するためには，オラクル関数が作成できていなければなりません。しかしながら，オラクル関数の作成が不可能な場合も多いのです。例えば，宝くじの当選番号は，当然のことながら前もって分からないので，オラクル関数を作成できません。

作成可能な場合には，実際のオラクル関数の作成に当たって，できるだけ演算ステップ数（演算時間）が少なくなるように工夫する必要があります。約 $\sqrt{N}$ 回繰り返す必要があるからです。数学モデルでは，「オラクル関数の演算は，1 回につき 1 ステップの呼び出しで済む」という設定になっているのです。

古典コンピュータでは，$x = 0, 1, 2, \cdots, N-1$（または任意の順番の数値）をオラクル関数に順次代入し，それぞれ 真（$= 1$）か 偽（$= 0$）かを確かめなければなりません。古典コンピュータでも並列計算機なら，その分だけ並列化されますが，膨大なデータ数の場合には焼け石に水です。

量子コンピュータでは，N 個のデータがどんなに膨大なデータ数でも，一度に同時にすべてに問い合わせることができるところが凄いのです。　◇

グローバーの量子探索アルゴリズムの概要

まず，グローバーの量子探索アルゴリズムの概要について見ておきましょう。最初に，$2^n \geq N$ となるように n 個の量子ビットを用意します。そして n 個の量子ビットそれぞれを横向きにし，$|0\rangle$ と $|1\rangle$ の重ね合わせ状態にします。すると，(2.3) のように 2^n 個の状態が重ね合わさった状態が作られます。その状態を $|\psi\rangle$ と置くと，

$$|\psi\rangle = \frac{1}{\sqrt{2^n}} \left(|0\rangle + |1\rangle + |2\rangle + \cdots + |2^n - 1\rangle \right) \tag{3.2}$$

と表されます。その結果，$N \ (\leq 2^n)$ 個のデータに一度に同時にアクセスすることができるのです。オラクル関数に (3.2) を代入することにより，求めるデータかそうでないかが，たった 1 回の演算で区別できてしまうのです。

しかしながら，私たちはそのままではせっかく区別できた目的のデータの番号を知ることができません。なぜでしょうか。実は，目的のデータの番号を知るためには，n 個のビットそれぞれの値を測定しなければならないのです。ところが，そのまま測定しても各量子ビットが 0 または 1 として観測され，たった 1 個のビット列（n ビット）の値が得られるだけなのです（図 2.8 参照）。しかもほとんどの場合，得られた値は，目的のデータの番号とは無関係な値です。

そこで，グローバーのアルゴリズムの出番となります。グローバーは，目的のデータの番号（ビット列）だけが観測されるように，その番号の確率振幅を 1 に近づけるアルゴリズムを考案したのです（表 2.1 参照）。確率振幅とは，各状態の前にある係数のことです。(3.2) では $\frac{1}{\sqrt{2^n}}$ が，それぞれの状態の確率振幅です。確率振幅の絶対値の 2 乗がその状態を観測する確率となります。

グローバーの量子探索アルゴリズムのイメージ

グローバーの量子探索アルゴリズムの説明の前に，量子探索アルゴリズムの具体的な流れを，イメージとしてとらえておきましょう。まず N 個のブランコが並んでいる光景を思い浮かべてください。**図 3.1** を見ながら次のよう

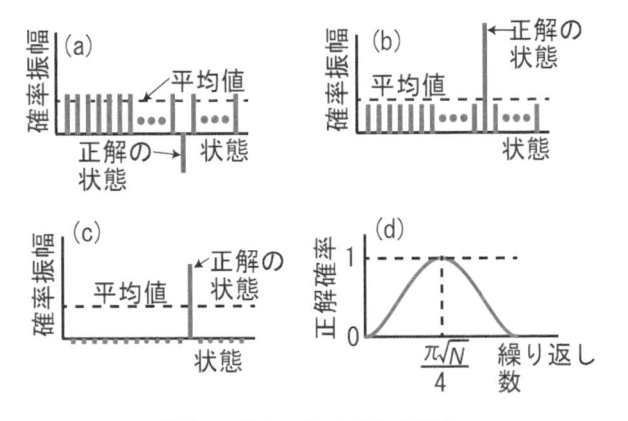

図 3.1　グローバーのアルゴリズム

に考えると，グローバーのアルゴリズムが理解しやすいかもしれません。

1. 各漕ぎ手はブランコを一斉に漕いで，揃って同じ高さ（確率振幅）ま
で往復運動をしています（(3.2) 参照）。

2. 次に，オラクル関数が 1 の値を返すブランコだけを，他のブランコと
逆向きに振れるようにします（図 3.1 (a)）。

3. ある操作を行うことによって，そのブランコが少し高く上がるように
なり，残りのブランコの高さは低くなります（図 3.1 (b)）。

4. この操作を適切な回数だけ繰り返すと，他のブランコはすべて（ほぼ）
停止状態になり，目的のブランコだけが大きく揺れています（確率が 1
に近くなります，図 3.1 (c) と (d)）。

5. 測定により，目的のデータ番号（ビット列）だけが観測され，目的の
データ番号が分かったことになります。

グローバーの量子探索アルゴリズムの実際

それでは，グローバーの量子探索アルゴリズムを見てみましょう。図 3.1
は，目的のデータが 1 個だけの場合です。

1. $2^n \geq N$ となるように n 個の量子ビットを用意し，まず各ビットを状
態 $|0\rangle$ に初期化します。

2. 次に各ビットを 90° 回転させます（アダマールゲート（付録 A.1.3 節

参照）を通します）。すると，各量子ビットは $|0\rangle$ と $|1\rangle$ の重ね合わせ状態になり，全体として (3.2) のような 2^n 個の重ね合わせ状態ができます。このとき，各々の状態の係数（確率振幅）は $\frac{1}{\sqrt{2^n}}$ で等しいです。

3. オラクル関数によって目的のデータを見つけ，その確率振幅の符号だけを変えます（図 3.1 (a)）。

4. すべての状態の確率振幅の平均値を計算し，各確率振幅を平均値の周りに反転させます。（すなわち，次の 3 つの操作をします。まず，各確率振幅から平均値を引きます。続いて，各状態の確率振幅の符号を反転させます（図 3.1 (b)）。最後に各確率振幅に平均値を加えます。）すると，目的のデータの確率振幅が他に比べて増加します（図 3.1 (b)）。

5. 3. と 4. を約 $\sqrt{N}$ 回繰り返すと，目的のデータの確率振幅だけがほぼ 1 になります（図 3.1 (c) と (d)）。そこで各ビットを測定すると，目的のデータの番号が観測されることになります。

N 個のデータのうち，目的のデータが 1 個の場合は，$\frac{\pi}{4}\sqrt{N}$ 回繰り返すと，目的のデータ番号を測定する確率が 1 になります（付録 B.3 節参照）。目的のデータが複数個ある場合は，その複数個のビット列の確率振幅が大きくなります。したがってこの場合は，グローバーのアルゴリズムを繰り返して行い，目的のデータ番号をすべて列挙する必要があります。

例題 3.2　量子探索の最速化？

　量子探索で，オラクル関数の値を各状態の係数とし，その結果を測定すれば，たった 1 回で探索が終わるのではないでしょうか。せっかくオラクル関数が目的の状態だけに 1 を返し，残りの状態に 0 を返すのですから。

解答例　それができると素晴らしいですね。$\sqrt{N}$ 回繰り返す必要がなく，たった 1 回で済むのですから。しかしながら，量子演算には**ユニタリ性**が要求されるのです。ユニタリ性とは，簡単に言えば，測定以外の演算ではプロセスを逆にたどれることです（付録 A.1.3 節参照）。

　ご提案の演算は，その演算によってそれまでの情報が失われてしまうので，逆にたどれません。したがって，ユニタリ演算ではないので，量子コンピュータでは実現不可能なのです（例題 A.2 参照）。　　　　　　　　　　　◇

例題 3.2 のように，「**量子ゲートは，ユニタリゲートでなければならない**」という厳しい要請があり，その制限のもとに最適な量子アルゴリズムを考案する必要があるのです。

例題 3.3　**4 個のデータの場合のグローバーのアルゴリズム**

データが 4 個のとき，グローバーのアルゴリズムは 1 回で収束することを示しなさい。

解答例　データが 4 個のときは，2 量子ビットの重ね合わせで $|00\rangle$, $|01\rangle$, $|10\rangle$, $|11\rangle$ の 4 つの状態が作れます。いま，目的の状態が $|01\rangle$（10 進法で $|1\rangle$）であるとします。つまりオラクル関数で，$f(1) = 1, f(0) = f(2) = f(3) = 0$ が返って来るとします。

初めの (3.2) の状態において，$n = 2$ のとき，それぞれの状態の確率振幅は $\frac{1}{2}$ です。$|01\rangle$ の係数の符号を反転すると，それぞれの確率振幅は $\frac{1}{2}, -\frac{1}{2}, \frac{1}{2}, \frac{1}{2}$ となり，その平均値は

$$\text{確率振幅の平均値} = \frac{\frac{1}{2} - \frac{1}{2} + \frac{1}{2} + \frac{1}{2}}{4} = \frac{1}{4} \tag{3.3}$$

となります。

各確率振幅の値を平均値 $\frac{1}{4}$ に対して反転させると，それぞれの値は $0, 1, 0, 0$ となり，$|01\rangle$（10 進法で $|1\rangle$）の状態のみが確率振幅 1 となります。（平均値の周りに反転させる操作は，次の 3 つの操作に対応します。まず，各確率振幅から平均値を引きます。続いて各確率振幅の符号を反転させると，それぞれの確率振幅は $-\frac{1}{4}, \frac{3}{4}, -\frac{1}{4}, -\frac{1}{4}$ となります。最後に，それぞれに平均値を足すと $0, 1, 0, 0$ となります。）よって，測定すると 2 つのビットの値は 01 となり，正しい答えが 1 回の操作で得られたことになります。別の状態が目的の状態であっても，同様に 1 回で収束することを示すことができます。　　◇

問題 3.3　**4 個のデータのうちの複数個を探す場合の**
**　　　　　グローバーのアルゴリズム**

データの数が 4 個あって，探したいデータが 2 個のとき，グローバーのアルゴリズムはどうなるでしょうか。また，探したいデータが 3 個のときはど

うでしょうか。　　　　　　　　　　　　　　　　　　　　　　　♡

問題 3.4　**16 個のデータの場合のグローバーのアルゴリズム**

　16 個のデータのうちの 1 個を探す場合，グローバーのアルゴリズムはどうなるでしょうか。また，探したいデータが 4 個のときはどうでしょうか。♡

　グローバーの量子探索アルゴリズムは改良され一般化されて，いろいろな場面に応用されています。

粘菌が迷路を解く！

　ここで，アメーバ状の単細胞生物である粘菌に登場してもらいましょう。脳も神経も無い真性粘菌変形体（粘菌と略します）という原生生物が，迷路を見事に解くと報告されています（文献 [中垣]）。粘菌は原形質の中に管を作って，効率的に物質を輸送しています。粘菌が迷路を解き，最短距離を発見する過程は次のようです。

1. 粘菌を迷路全体に広げます。
2. 入口と出口に餌を置くと，粘菌は行き止まりの経路の部分は収縮させ，入口と出口をつなぐ経路すべてに管を残します。
3. 最終的に，複数の経路のうち最短距離の経路だけに太い管を残します。

　粘菌がまさに，量子コンピュータと同じことをしていることに驚きます。すなわち，まず全体を調べ，その後不要な部分を消していくのです。実際，粘菌を粘菌コンピュータとして用いて，巡回セールスマン問題などを解かせることも行われ，ある程度の成果を挙げています（文献 [青野]）。巡回セールスマン問題は，多数の都市を 1 回ずつ最短距離（または最小費用，最短時間）で巡る問題です（付録 D.2.3 節参照）。都市の数が増えると指数関数的に組み合わせの数が増えます。

　このように自然のもの自身をコンピュータとして利用したり，自然から学んだことを計算に生かす分野が「**自然計算**」分野です。比較的よく知られている計算として，DNA や酵素などを利用する分子計算があります。量子コンピュータも，量子ビットとして，電子，光子，原子，原子核，分子などを計算に利用するので，自然計算機の 1 種と言えるかもしれません。

例題 3.4 **セキュリティ関係以外での探索問題の例を 2 つ考える**

セキュリティ関係以外の分野で，膨大なデータ量をもつ探索問題の例を 2 つ考えなさい。また，なぜ古典コンピュータで探索が困難なのかを説明しなさい。

解答例の 1：星のカタログでの逆探索

天文学では，星（または銀河）のカタログがよく使用されます。それこそ星の数だけある膨大なカタログです。このカタログには，星についての情報が詰まっているとします。目指す星については，カタログから星の情報が引き出せます。

しかしながら，逆は難しいです。例えば，星の数が N 個のカタログの中から，ある特殊な性質を持つ星だけをリストアップしたいとします。古典的な方法では，星のカタログを 1 個 1 個見て，その特殊な性質を持つか否かを調べなければなりません。すなわち，古典コンピュータでは N 個のデータすべてを 1 個 1 個調べることになります。

解答例の 2：電話帳で電話番号から氏名を探索

文献によくあるのは電話帳です。電話帳は，今はほとんど見かけませんが，分厚かったです。電話帳のデータベースでは，住所氏名が分かれば電話番号を知るのは簡単ですが，その逆，すなわち，電話番号から住所氏名を知るのは難しいです。電話番号が N 個あるとし，目指す番号は電話帳に 1 個しかないとすると，古典コンピュータでは探索に平均 $\frac{N}{2}$ 回かかります。　　　　◇

3.2 ショアの素因数分解アルゴリズムと RSA 暗号

量子ゲート方式コンピュータが実用化されると，ショアの**素因数分解ア ルゴリズム**によって **RSA 暗号**などが簡単に解かれてしまいます。RSA 暗

号は，インターネット上の暗号化などで現在広く使われています。WWW（World-Wide Web）ホームページのアドレス（URL, Uniform Resource Locator）に，通常の http に代わって，最近は https がよく使われています。この最後の s は，RSA 暗号などで暗号化されていることを表します。ここで，http は hyper text transfer protocol の略で，s は SSL/TLS（Secure Socket Layer/Transport Layer Security）の暗号システムを使っていることを意味します。https では，ブラウザの URL の前に鍵マークがついています。

　この節では，まず RSA 暗号について簡単に説明し，続いてショアの素因数分解アルゴリズムの流れを説明します[※2]。

3.2.1　gcd と mod の説明

　最初に，以下で使われる数学用語，gcd（greatest common divisor, 最大公約数）とmod（モジュロ）を解説（復習）します。

(1) gcd

　　$\gcd(a, b)$ は 2 つの整数 a, b の最大公約数を表します。最大公約数は，**ユークリッドの互除法**を用いて簡単に求められます（**図 3.2**）。すなわち，$\gcd(a, b)$ を求めるとき（$a > b$ とします），ユークリッドの互除法では，まず a を b で割ってその余りを求めます。次に，b をその余りで割って，そのまた余りを求めます。以下，余りが 0 か 1 になるまで繰り返します。余りが 0 のときはその前の余りが最大公約数であり，1 の場合は a と b は互いに素です。

(2) mod

　　$x \pmod{N}$ は剰余演算を表し，x を N で割った余りです。通常，

$$x \pmod{N} = 0, 1, 2, \cdots, N-1 \tag{3.4}$$

と定義されます。（負の値を持っても間違いではありません。）

　　また，$y \equiv x \pmod{N}$ は合同式と呼ばれ，y と x は，N で割った

[※2]　素因数分解は整数を素数の積として表すことです。ショアのアルゴリズムは，一般に因数を探す方法であり，因数は必ずしも素数とは限りません。しかし，RSA 暗号で因数分解すべき整数は素数の積であり，素因数分解という言葉を使っても問題ありません。

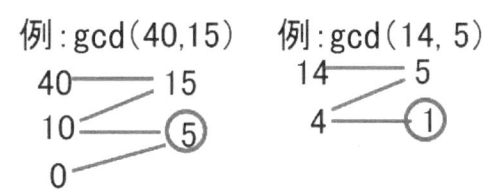

図 3.2　ユークリッドの互除法の例

ときの余りが等しいことを表します。

問題 3.5　**ユークリッドの互除法で最大公約数が求まることの証明**

　ユークリッドの互除法を用いると最大公約数が求まることを証明しなさい。
ヒント：a を b で割った余りを r とすると，q を正の整数として $a = bq + r$ と
書けます。これを用いて，$\gcd(b,r) \geq \gcd(a,b)$ と $\gcd(a,b) \geq \gcd(b,r)$ を
証明するのです。　　　　　　　　　　　　　　　　　　　　　　　　　♡

3.2.2　RSA 暗号

　RSA 暗号は**公開鍵暗号**の 1 種です。公開鍵暗号では，公開された鍵で暗号
化し，秘密鍵で復号化します。

RSA 暗号準備

(1) 十分に大きな（現在は 300 桁以上の）2 つの素数 p と q を用意し，$N \equiv pq$
　　とします。（大きな桁の素数を見つけること自体は，現代の古典コン
　　ピュータでも可能です。2002 年に AKS（Agrawal-Kayal-Saxena）法
　　が発見され，多項式時間で素数判定ができることが示されました。し
　　かし時間がかかりすぎることにより，実用的には，確率的に判定する
　　従来からの Miller-Rabin 法などが有効です。）

(2) 整数 d を，積 $(p-1)(q-1)$ と互いに素であるようにランダムに選び
　　ます。すなわち d は，次式を満たします。

$$\gcd\left((p-1)(q-1), d\right) = 1 \tag{3.5}$$

(3) 次式を満たす整数 e（「d の逆数」）を求めます。

$$ed \equiv 1 \pmod{(p-1)(q-1)} \tag{3.6}$$

公開鍵 e と N を用いて暗号化

平文をいくつかのかたまり（ブロック）に分け，各ブロック（j）を数値（$m_j, \ j = 1, 2, \cdots$）に変換し，次のように暗号化（encode）して送付します。

$$m_j \to m_j' \equiv (m_j)^e \pmod{N} \tag{3.7}$$

秘密鍵 d と N で復号化

送られて来た各暗号ブロック m_j' は，次のようにして復号化（decode）できます（例題 3.5 参照）。

$$(m_j')^d \equiv m_j \pmod{N} \tag{3.8}$$

このように，公開鍵暗号では，公開されている鍵を使って誰でも暗号化することができます。しかしながら，復号化することは，秘密鍵を知っている人にしかできません。

例題 3.5 秘密鍵 d と N で復号化できることの証明

(3.8) が成り立つことを，次のフェルマーの小定理を用いて示しなさい。

$$g^{p-1} \equiv 1 \pmod{p} \tag{3.9}$$

ここで g は，素数 p と互いに素である任意の整数です。

解答例 (3.6) より，k を整数として $ed = k(p-1)(q-1)+1$ と書けます。

$$(m_j')^d \pmod{N} = (m_j)^{ed} \pmod{N} \equiv m_j \times (m_j)^{k(p-1)(q-1)} \equiv m_j \pmod{pq} \tag{3.10}$$

となって (3.8) が示されました。ここで $(m_j)^{k(p-1)(q-1)} - 1$ は，**フェルマーの小定理** (3.9) により p でも q でも割り切れることを用いました（$(m_j)^{k(p-1)(q-1)} = 1 \pmod{pq}$）。 ◇

問題 3.6 フェルマーの小定理の証明

フェルマーの小定理 (3.9) を帰納法を用いて証明しなさい。ヒント：m を任意の実数とするとき，次の 2 項定理が成り立つことを用いなさい。

$$(m+1)^p = m^p + \sum_{j=1}^{p-1} {}_pC_j m^j + 1, \quad {}_pC_j \equiv \frac{p!}{(p-j)!j!} \tag{3.11}$$

ただし，$p! \equiv p \times (p-1) \times \cdots \times 1$ です。 ♡

RSA 暗号と素因数分解

RSA 暗号が現在何事もなく利用されているのは，数百桁に及ぶ 2 つの素数（p と q）の積 N の素因数分解が古典コンピュータでは事実上不可能だからです。量子コンピュータでは，そのような素因数分解がショアのアルゴリズムによって短時間にできてしまうのです。公開鍵の 1 つである N の素因数分解ができてしまうと，もう 1 つの公開鍵 e から秘密鍵 d を求めることができ，暗号文が解読できてしまうのです。

ショアのアルゴリズムは，どのようにして素因数分解を高速化しているのでしょうか。以下に，その流れを見て行きましょう。

3.2.3 ショアの素因数分解アルゴリズムの流れ

ショアが提案した素因数分解アルゴリズムの流れは次のようです。

(A) N と互いに素な x $(1 < x < N, \gcd(N, x) = 1)$ を選びます。（x が N と互いに素であることは，ユークリッド互除法で確認可能です。）

　　もし x が N と互いに素でなかったとき（$\gcd(N, x) > 1$ のとき）は，最大公約数 $\gcd(N, x)$ が（素）因数なので，その値を出力して終わります。

(B) 次式を満たす最小の正の整数 r（**位数**, order）を探します。

$$x^r \equiv 1 \pmod{N} \tag{3.12}$$

(C) r が奇数のときは，(A) に戻ります。

(D) r が偶数のとき，(3.12) より

$$x^r - 1 = (x^{r/2} + 1)(x^{r/2} - 1) \equiv 0 \pmod{N} \tag{3.13}$$

なので，$(x^{r/2}+1)$ または $(x^{r/2}-1)$ が（素）因数の候補となります。

（E）これらが因数でなかった場合は（A）に戻ります。因数が見つかるまでにそれほど多く繰り返す必要がないことが分かっています。（N が素数の場合は無限ループになってしまいますが，RSA暗号解読の場合にはその心配はありません。）

この（B）の部分が，量子コンピュータで行うべきショアのアルゴリズムです。(3.12) において，位数 r を求める問題は**離散対数問題**と言われ，N が数百桁以上になると古典コンピュータで解くのはほぼ不可能なのです。それ以外の部分は，古典コンピュータで行っても問題ありません。

3.2.4 位数 r を求めることによる素因数分解の例

ショアのアルゴリズムの説明の前に，簡単な例で位数 r の意味について考えてみましょう。

> **例題 3.6** 位数 r を求めることによる $N=15$ の素因数分解
>
> $N=15$ を，位数 r を求めることによって素因数分解しなさい。

解答例 $N=15$ と互いに素な数 x は，$2,4,7,8,11,13,14$ の 7 個あります。

まず，$x=2$ のときを考えてみます。$x^j = 2^j \equiv y \pmod{15}$ を $j=0,1,2,\cdots,N-1$ について計算すると $y=1,2,4,8$ となってまた元に戻り，それを繰り返すことが分かります。つまり，$r=4$ であり，偶数なので，因数候補を計算してみると，

$$x^{r/2}+1 = 2^2+1 = 5, \quad x^{r/2}-1 = 2^2-1 = 3 \tag{3.14}$$

となって因数が求まります。

15 と互いに素な別の数でも同様にして位数（r）を求め，因数が求まるか否かを調べてみます。すると，すべて位数が偶数になり，因数が求まらないのは 14 のときだけです（**表** 3.1）。 ◇

表 3.1　$N = 15$ の素因数分解（位数 r を求めて）

$N = 15$ と素な x	2	4	7	8	11	13	14
位数（r）	4	2	4	4	2	4	2
素因数分解成功？	○	○	○	○	○	○	×

問題 3.7　**例題 3.6 で $x = 14$ のとき**

例題 3.6 で $x = 14$ の場合に，$r = 2$ となること，および，因数が求まらないことを確かめなさい。　　　　　　　　　　　　　　　　　　　　　　♡

問題 3.8　**位数 r を求めることによる $N = 35$ の素因数分解**

$N = 35$ を，位数 r を求めることによって素因数分解しなさい。ここで，35と互いに素な任意の整数 x を選び，素因数が見つかればよいものとします。

　　　　　　　　　　　　　　　　　　　　　　　　　　　　　　　♡

3.2.5　位数 r を求めるショアのアルゴリズム

ショアのアルゴリズムでは，次のように**離散フーリエ変換**を利用して位数 r を求めます（文献 [細谷，宮野，佐川，ニールセンなど]）。

1. $L \geq \log_2 N$，$n \equiv 2L + 1$ として，n 量子ビットの第 1 レジスタと L 量子ビットの第 2 レジスタを用意します。ここでは，レジスタは，一かたまりの量子ビットの意味です。（このような n と L の設定は，位数 r 発見の確率を高めるためです。）

2. 第 1 レジスタのすべての量子ビットを $|0\rangle$ に初期化した後，各ビットを $90°$ 回転させます（アダマールゲート（付録 A.1.3 節参照）を通します）。すると，各量子ビットは $|0\rangle$ と $|1\rangle$ の重ね合わせ状態になり，$|0\rangle, |1\rangle, |2\rangle, \cdots, |2^n - 1\rangle$ の 2^n 個の状態ができます。この状態は (3.2) と書くことができます。このとき，各々の状態の係数（確率振幅）は $\frac{1}{\sqrt{2^n}}$ で等しいです。

3. 第 1 レジスタの各状態（$|j\rangle$）について，第 2 レジスタに $x^j \pmod N$ を入れます。

4. 第 2 レジスタを観測します。すると第 1 レジスタにはその観測結果に

対応する特定の状態だけが残ります。

5. 第 1 レジスタの各状態に離散フーリエ変換をします。すると $\frac{2^n}{r}$ の整数倍の状態の係数（確率振幅）の絶対値だけが大きくなります。

6. 第 1 レジスタを観測して位数 r を求めます。

離散フーリエ変換を行う理由は，周期性を利用して目的の周期に対応する状態の確率振幅を大きくするためです（付録 B.4 節参照）。グローバーのアルゴリズムで導入したブランコのイメージで言うと，目的のブランコ（周期に対応する状態（ビット列））だけが大きく揺れ，残りのブランコは（ほぼ）停止していることになります。

これだけでは分かりにくいでしょうから，次の例題でショアのアルゴリズムをたどってみましょう。

例題 3.7 **ショアのアルゴリズムの例**

$N = 15, x = 2, n = 9 \ (2^n = 2^9 = 512)$ の場合について，ショアのアルゴリズムによって素因数分解しなさい。

解答例 第 1 レジスタの状態が $j \ (j = 0, 1, 2, \cdots, 2^n - 1)$ のときの第 2 レジスタは $2^j \pmod{15}$ であり，$1, 2, 4, 8$ の繰り返しになります。第 2 レジスタを観測して，例えば 8 が得られたとすると，第 1 レジスタで残るのは，$j = 0, 1, 2, \cdots, 2^n - 1$ のうちの 4 番目，8 番目，12 番目など，すなわち $j = 3, 7, 11, \cdots, 511$ だけとなります。

離散フーリエ変換の後に第 1 レジスタで係数（確率振幅）の絶対値が大きいのは，状態が $\left| 整数 \times \frac{2^n}{r} \right)$ （ただし，整数 $\times \frac{2^n}{r} \leq 2^n$）のときだけです。$\frac{2^n}{r} = \frac{512}{4} = 128$ ですから，係数（確率振幅）の絶対値が大きいのは，$|0), |128), |256), |384)$ の 4 つの状態となります。

したがって，第 1 レジスタの測定後の値は $0, 128, 256, 384$ のどれかとなり，$128, 384$ の測定結果のときは，$r = 4$ と求まって素因数が得られることになります（文献 [西野]）。（測定値が 256 の場合は，$r = 4$ でなく $r = 2$ となりますが，$2^{2/2} + 1 = 3$ より，偶然ながら因数 3 が求まります。） ◇

ショアのアルゴリズムが指数関数的高速性（量子加速）を発揮できるのは，周期性があるからです。量子コンピュータが量子加速を発揮できるのは，こ

のようにデータに周期性がある場合や特殊な構造をもつ場合です。

そうでない場合は，グローバーのアルゴリズムのように，N 個のデータに対して $\sqrt{N}$ の速さが精一杯なのです。

例題 3.8 **量子探索高速化の別の方法？**

量子探索について，新たな提案です。例題 3.2 の方法が許されないなら，その代わりにショアのアルゴリズムのように，同じく n 量子ビットの第 2 レジスタを用意して，そこにオラクル関数の値を書き込む方法はどうでしょうか。第 2 レジスタのビット列を測定すれば，欲しいデータのビット列だけが残っていて，たった 1 回で探索できると思うのですが。

解答例 大変残念ですが，同じく n 量子ビットの第 2 レジスタでは，この演算も，例題 3.2 と同じことが言えて，ユニタリ演算ではありません（例題 A.2 参照）。したがって，量子コンピュータでは実現できません。（何かよい方法が無いかと考え続けることは大変よいことです。革命的な発見につながるかもしれませんから。ただし，それだけで人生を棒に振らないように！）◇

3.3 量子コンピュータと暗号

量子コンピュータが実現してショアとグローバーのアルゴリズムが実行されると，現在用いられている暗号などはどうなるのでしょうか。

3.3.1 暗号解読と量子アルゴリズム

ショアのアルゴリズムは，RSA 暗号以外の楕円曲線暗号などにも適用できます。**表 3.2** は，誤り耐性量子コンピュータが稼働したときに，現行の暗号がどのくらいの時間で解読されるかなどをまとめたものです（文献 [グランブリング]）。表 3.2 での数値は，計算スピード，誤り率，誤り訂正の方法などについて，2018 年当時のデータや推定値を用いて導かれています。したがって，これらの数値は将来変わりうるものであり，ここでは定性的に眺めるの

表 3.2　暗号解読と量子アルゴリズム（文献 [グランブリング]，表 4.1）

暗号技術	暗号方式	鍵の ビット数	アルゴ リズム	論理量子 ビット[†1]数	計算時間
公開鍵暗号	RSA	1,024 2,048 4,096	ショア	2,050 4,098 8,194	3.6 時間 29 時間 229 時間
公開鍵暗号	ECC[†2]	256 384 521	ショア	2,330 3,484 4,719	11 時間 38 時間 55 時間
共通鍵暗号	AES-GCM[†3]	128 192 256	グローバー	2,953 4,449 6,681	2.6×10^{12} 年 2.0×10^{22} 年 2.3×10^{32} 年
ビットコイン マイニング[†4]	SHA256[†5]	72[†6]	グローバー	2,403	1.8×10^{4} 年

†1 論理演算を担当する物理量子ビット（4.1.4 節参照）
†2 Elliptic Curve Cryptography：楕円曲線暗号
†3 Advanced Encryption Standard-Galois/Counter Mode
†4 取引情報をチェック・承認する作業。成功するとビットコインの報酬を得る
†5 Secure Hash Algorithm-256bit
†6「ハッシュ値の上位 72 ビットが 0 になるような入力を求める問題である」と仮定

がよいでしょう。

　表 3.2 によると，RSA 暗号などショアのアルゴリズムで解ける暗号は，量子コンピュータが実現すると使えなくなることが分かります。なぜなら，ショアのアルゴリズムでの演算ステップ数は，n 論理ビットの場合，$n^2 \log n(\log \log n)$ と見積もられていて，多項式時間（n^k $(k > 0)$ の時間）で解けるからです。

　ですから，記録された現行の暗号が，量子コンピュータ完成時に解読されてしまう（ハーベスト攻撃）と困る場合は，できるだけ早く現行の暗号を耐量子計算機暗号（3.3.2 節参照）などに移行すべきでしょう（3.3.4 節参照）。

　一方，グローバーのアルゴリズムでは，N 個のデータ探索での演算ステップ数が約 $\sqrt{N} \simeq 2^{n/2}$ であり，n の指数関数になるため解読に時間がかかりすぎ，現行の暗号は十分安全と言えます。ただし，表 3.2 でのグローバーのアルゴリズムによる暗号解読時間がずいぶん長いのは，誤り耐性量子コンピュータで誤り訂正にかなりの時間がかかることを考慮しています。次の問題で，誤り率が 0 の量子コンピュータが完成した場合について考えてみましょう。

問題 3.9　**パスワード解読に必要な時間（誤り率が 0 の場合）**

誤り率が 0 の場合，16 文字のパスワードを解読するのに必要な量子ビット数と計算時間を求めなさい。ただし，各量子演算が 100 MHz $= 10^8$/s でできるとし，1 年 $\simeq \pi \times 10^7$ 秒 を用いなさい。また，10 THz $= 10^{13}$/s の場合はどうなりますか。（100 MHz は，現時点で超伝導回路量子コンピュータが達成している量子ゲート当たりの所要時間です。光量子コンピュータでは，10 THz で演算可能と期待されます（4.2.4 節参照）。）　　　　　　♡

3.3.2　耐量子計算機暗号

世界では，耐量子計算機暗号（**PQC**：Post-Quantum Cryptography）の開発が進んでいます。耐量子計算機暗号は，通常，古典暗号を意味します。現在候補となっている方法は，**格子暗号，符号暗号，多変数多項式暗号**（日本発），**同種写像暗号，ハッシュ関数署名**などです（文献 [高木]）。**表** 3.3 にその概要をまとめます。

表 3.3　耐量子計算機暗号の概要

暗号	概要
格子暗号	n 次元斜交格子点の n 個の基底ベクトル[†1]として： 秘密鍵は直交に近いもの，公開鍵は平行に近いものを選ぶ
符号暗号	ノイズ挿入で暗号化，誤り訂正符号でノイズを除去して復号
多変数多項式暗号	シンプルな多変数多項式を秘密鍵，それを変形（アフィン変換）したものを公開鍵とする
同種写像暗号	複数の楕円曲線のうちの 2 つの組み合わせを利用
ハッシュ関数署名	ハッシュ関数を次々とチェーンのように計算，署名

†1 ベクトルは 2 つの格子点を結ぶ矢印。n 個の基底ベクトルにより任意の格子点を指定可能

格子暗号は，耐量子計算機暗号候補として有力視され，いくつかの方式が考案されています[※3]。ここでは，そのうちの 1 つ，1997 年に提案された GGH（Goldreich-Goldwasser-Halevi）方式の概要を紹介します。

まず受信者は，直交に近い n 次元斜交格子を選びます。斜交格子点にする

[※3]　https://www.imes.boj.or.jp/research/papers/japanese/15-J-09.pdf

理由は，直交する格子点だと比較的簡単に解読できてしまうためです。秘密鍵としては直交に近い基底ベクトル a_j を決め，公開鍵として互いの角度が小さい基底ベクトル b_j を選びます。任意の格子点の座標は，各基底ベクトルの整数倍の和で与えられます。

送信者は，平文をまず n 個のブロックに分けて数値化します（m_j, $j = 1, 2, \cdots, n$）。次に，公開鍵の基底ベクトルに基づく格子点の座標 $\sum_{j=1}^{n} m_j b_j$ を求めます。さらに，その座標にランダムなノイズ r_j を入れた点の座標 $(m_1 + r_1, m_2 + r_2, \cdots, m_n + r_n)$ を受信者に送ります。受信者は，秘密鍵 a_j による格子を用いてその点に一番近い格子点を探し当て，m_j を求めて復号化します。（送信者が入れるノイズは，その探索が可能なように選ぶ必要があります。すなわち，ノイズを入れた点に一番近い格子点が，計算した格子点になるようにです。）

この格子暗号では，最近ベクトル問題，すなわち，「秘密鍵を知らない者が，その点に一番近い格子点を，公開鍵を用いて探すことは困難である」という事実を利用しています。現在では，この方法をさらに高度化した LWE（Learning With Errors）方式が考案され，実用化を目指して研究が活発化しています。

格子暗号の利点は，耐量子計算機暗号として安全性が高いこと，暗号化したまま計算ができること（暗号化状態処理技術）などがあり，欠点は鍵サイズがかなり大きいことです。

3.3.3　量子暗号

量子暗号は，量子コンピュータが実現しても解読不可能で，盗聴や介入を感知できるので安全が保証されています。ただし，量子鍵配送方式や光通信量子暗号方式の場合は，一般に，特殊な光ファイバーなど量子ネットワークの整備が重要事項となります。

量子鍵配送方式

量子暗号は，量子鍵配送（QKD：Quantum Key Distribution）によって2者間で安全な暗号鍵を共有する方法が一般的です。量子鍵配送方式では，い

くつかの偏光状態を送信したり，EPR 相関された（ベル状態の）偏光光子などを**量子テレポーテーション**（quantum teleportation, 5.2.7 節参照）することなどによって，ランダムなワンタイムパッド（1 回限りの共通鍵）を送信者と受信者が作成して共有します。そのとき，古典的な手段（電話や email など）で互いの測定方法などを確認する必要があります。こうして，安全が保証されているバーナム暗号が実現するのです。

量子鍵配送方式として，BB84（Bennet-Brassard-1984），E91（Ekert-1991），B92（Bennet-1992）などが知られています（**表** 3.4 参照）。

盗聴者は，送信途中で単一光子信号を受信して複製しようとしても，量子複製禁止定理によりできません。また，測定すると状態は壊れてしまうので，新たに信号を作成して送る必要がありますが，そうすると，$\frac{1}{2}$〜$\frac{3}{4}$ の確率で間違ったビットになるように設計されています。したがって，送受信者は，作成した秘密鍵の一部を互いに照合することによって，盗聴者が介入したかどうかが分かるようになっています。

現在，単一光子生成の効率化，精度の向上，伝送距離の延伸などが図られています。

表 3.4　量子暗号概要

暗号	概要
BB84	単一光子，4 つの偏光状態（0°，90°，± 45°）で鍵配送
E91	光子もつれ合い状態の利用により鍵配送
B92	単一光子，2 個の非直交偏光状態により鍵配送
Y00	光の量子揺らぎの利用により鍵配送や暗号通信

光通信量子暗号方式

1998 年の YK（Yuan-Kim）を改良した Y00（Yuan-2000）は，光の量子揺らぎ（雑音）をうまく利用し，鍵や通信文を隠して送信する方式です（表 3.4 参照）。100 個程度の光子を使うことができ，単一光子方式より 3 桁ほど高速に，しかも途中で中継・増幅できるので，遠方まで送信できます。量子鍵配送だけではなく通信文自身をも暗号化して送信できますが，前もって秘密鍵の共有が必要になります。Y00 の安全性を高める技術開発が，現在も続

いています（文献 [石井]）。

量子公開鍵暗号方式

上記の量子暗号は安全ではありますが，1 対 1 の通信にしか使えないという欠点があります。その点，RSA 暗号など公開鍵暗号は，1 対多数の通信ができるという利点を持ちます。すなわち，多数の人が公開鍵を使って暗号化でき，秘密鍵を持つ人だけが復号化できるのです。しかも，通信路に制約がありません。

量子コンピュータを用いる公開鍵暗号方式が，2000 年に岡本龍明氏らによって提案されています。ナップサック問題（付録 D.2.3 節参照）を用いる方法です。ナップサック問題は，ショアのアルゴリズムによって量子コンピュータを用いて解けるので，公開鍵と秘密鍵を求めることができるのです。その秘密鍵を別の量子コンピュータで解くことが難しいことも分かっています（文献 [石井]）。

3.3.4 セキュリティ分野における 量子コンピュータの脅威と対策

「はじめに」でも触れましたが，セキュリティ分野における量子コンピュータのインパクトは大変大きいものがあります。もし，悪意を持つ一団が，今，量子コンピュータを手に入れて密かに稼働させると，各国の機密，企業秘密，個人情報などが次々と解読できて，世界は大混乱におちいるでしょう。幸か不幸か，ショアやグローバーのアルゴリズムが実行可能な誤り耐性量子コンピュータは，私たちが知る限り未完成で，完成にはまだまだ時間がかかります。

しかしながら，量子コンピュータが完成していなくても，いつか完成可能であるだけで，セキュリティ対策が大変なのです。完成すると，それまでの機密文書がすべて解読されてしまうからです。解読されて困る文書は，できるだけ早く耐量子計算機暗号に切り替えておく必要があります。過去の経験では，インターネットのセキュリティシステムの入れ替えには，20 年前後の年月が必要です。

そのため，耐量子計算機暗号の確立・標準化が急務になっています。世界では，耐量子計算機暗号の標準化の動きが加速しているのです。米国の NIST

（National Institute of Standards and Technology）は，2022～2024 年までに新耐量子計算機暗号の選定を終え，標準化作業の後，インターネットへの組み込みを始める予定でいます。

　そもそも現代の暗号は，その原理が一般に公開されているのです。暗号学者の大事な使命の 1 つは，「公開された暗号技術の弱点探し」です。世界の英知を集めて，仕組みに孔が無いかを探し，より安全な暗号を社会に提供しようというわけです。現代では，「昔のように暗号の原理を完全に秘密にしている方がずっと危険である」と認識されているのです。万一秘密裏に解読され，機密がその集団に漏れていたりしたら，それこそ一大事ですから。

3.4　その他の量子アルゴリズム

　ショアやグローバーのアルゴリズムは，現代社会を支える暗号（セキュリティ）に密接に関係していることが分かりました。だからと言って，量子ゲート方式コンピュータが暗号を破ることだけに役立つわけではありません。暗号とは直接関係がない量子アルゴリズムももちろん開発されています。また，量子アニーリング方式コンピュータが主に活躍する組み合わせ問題の最適化も，量子ゲート方式コンピュータの守備範囲です。

　量子アルゴリズムは，誤り耐性量子コンピュータが実現可能になる時期の観点から，NISQ（Noisy Intermediate Scale Quantum）アルゴリズム（短期的）と，誤り耐性量子コンピュータを活用する本格的（長期的）量子アルゴリズムに大別されます（文献 [QND]）。

3.4.1　NISQ アルゴリズム

　数年後には，数百～数千量子ビット規模で，誤り訂正機構がまだ組み込まれていない量子ゲート方式コンピュータが稼働するでしょう。そのような量子コンピュータを NISQ デバイスとして古典コンピュータとともに用い，実用的に役立つ計算ができないかと考えるのは当然のことであり，現在盛んにアルゴリズムの開発が続けられています。

　NISQ デバイスでは，まだ量子ビット数が少ないため量子誤り訂正はできず，ノイズの影響によって，あまり長いアルゴリズムは使えません。NISQ アルゴリズムは，そんな環境において，十分役立つ実用的な計算を行うためのものです。古典コンピュータと一緒にはたらくので，**量子・古典ハイブリッドアルゴリズム**とも言われます。この計算方式では，NISQ デバイスは古典コンピュータでは時間がかかりすぎる特定のパートだけを受け持ち，所定の精度が得られるまで，古典コンピュータとの間で結果をやり取りしながら計算します。

　NISQ アルゴリズムの候補として，変分アルゴリズム，量子ダイナミクスシミュレーションアルゴリズム，量子化学計算アルゴリズムの 3 つが挙げられています[4]。

　現時点では，変分アルゴリズムがまずは有望な NISQ アルゴリズムであると考えられています。量子ダイナミクスシミュレーションと量子化学計算については，NISQ で可能かどうかの見通しがまだ立っていないようです。しかしながら，7.3 節で見るように，NISQ 時代は十数年は続くと思われ，これらの計算についてもまずは簡単な系で経験を積んで，より高度な計算に挑戦することになると思われます。

変分アルゴリズム

　変分アルゴリズムは，変分原理[5]に基づいたアルゴリズムであり，計算を何度も繰り返して最小値（最大値）を探す方法です。変分アルゴリズムでは，適切なパラメータを持つ波動関数を NISQ デバイスで作り，その波動関数に依存する目的関数（エネルギーなど）を最小化（または最大化）します。

　古典コンピュータではパラメータの最適化を行い，NISQ デバイスでは波動関数の生成と物理量の測定を受け持ちます。新たなパラメータを NISQ デバイスに送り，NISQ デバイスからの結果を古典コンピュータが受け取ってパラメータを更新することを，改善がほとんどなくなるまで繰り返します（文献 [御手洗]）。

※4　例えば，https://dojo.qulacs.org/ja/latest/notebooks/2.1_NISQ_and_long_term.html
※5　変分原理とは，「変数の関数として表される物理量が，変数のある点で最小値または最大値を取るとき，その点での物理量の変化量は 0 である」という原理です。

　量子回路計算モデル（5.2 節参照）を用いる変分アルゴリズムの例として，VQE（Variational Quantum Eigensolver，変分量子固有値ソルバー），QCL（Quantum Circuit Learning，量子回路機械学習），QAOA（Quantum Approximate Optimization Algorithm，量子近似最適化アルゴリズム）があります。**表** 3.5 に教師あり機械学習の例を挙げます[6]。教師なし機械学習では，与えられたデータのクラスタリング（性質が近い複数のグループに分ける）が基本です（文献 [嶋田]）。

表 3.5　教師あり機械学習の例（文献 [嶋田], 表 4.3）

タスク	インプット	アウトプット
スパムフィルタ	メール	ラベリング
画像認識	画像	ものの種類・位置
超解像	低解像度の画像	高解像度の画像
音声認識	音声データ	文字列
機械翻訳	外国語・日本語	日本語・外国語
物性予測	化学式	機能・性質

量子ダイナミクスシミュレーションアルゴリズム

　ダイナミクス（dynamics, 動力学）とは，状態や動きの時間変化を追うことを意味します。量子ダイナミクスシミュレーションは，シュレーディンガー方程式（付録 C 参照）を解いて，目的の物理系や化学系の時間変化をシミュレートすることです。物質（結晶や分子）の最も安定な状態（基底状態）やそのエネルギーレベル，励起状態のエネルギーレベル，必要な物理量の期待値などを求めることが目的となります。

　古典コンピュータでもシュレーディンガー方程式を解くことができます。しかし，扱う粒子やスピンの数が増えると，古典コンピュータでは指数関数的に計算時間が増大します。その部分を NISQ デバイスが受け持つときのアルゴリズムが，量子ダイナミクスシミュレーションアルゴリズムです。

---

[6]　表 3.5 は，NISQ アルゴリズムの例としてではなく，単に機械学習の例として挙げました。

量子化学計算アルゴリズム

　量子化学計算アルゴリズムは，目的の分子中の電子系が定常状態（時間変化がない状態）にある場合のシュレーディンガー方程式（付録 C.4 節参照）を解いて，基底状態のエネルギーレベルや分子の形状，励起エネルギーレベルなどを求めるアルゴリズムです。新物質，とくに新薬，新触媒などの発見に貢献が期待されます。

3.4.2　本格的量子アルゴリズム

　本格的量子アルゴリズムは，誤り耐性量子コンピュータが実現したときに使えるようになるアルゴリズムです。グローバー（3.1 節）やショア（3.2 節）のアルゴリズムは，本格的量子アルゴリズムの例です。

　実用上最も重要なアルゴリズムは，新物質・新材料などを創生する量子シミュレーションです。ほかに QPE（Quantum Phase Estimation，量子位相推定）アルゴリズムも，固有値問題の計算，および固有値問題の解法を応用した計算に活躍が期待されます。

　そのほかには，量子多重積分，微分方程式，偏微分方程式，連立 1 次方程式などを解く量子アルゴリズムも開発されています。連立 1 次方程式の解は機械学習に，多重積分は金融工学などにも重要です。

コラム ❸　文字コードと文字化け

　文字化けした電子メールが送られて来たり，ホームページの一部が文字化けしたりすることがよく起こります。文字化けは，文字の変換ミスによって起こるのです。では，どんなときに変換ミスが起きるのでしょうか。ここでの話は，現在のところは量子コンピュータとは直接関係なく，古典コンピュータの場合についてです。

　コンピュータは，2 進法の数字しか分かりません。それで文字を数字に変換したり（encode），戻したり（decode）する必要があります。英語では，文字コードASCII（American Standard Code for Information Interchange）を用いれば事足ります。ASCII は，アルファベット大文

字小文字で $26 \times 2 = 52$ 個，数字が 10 個，その他の記号を入れても 7 ビット（$2^7 = 128$ 個）に収まります。例えば，A は 2 進法で 1000001，a は 1100001 と決められました。ASCII は 1963 年にアメリカで制定され，国際標準 ISO/IEC（International Organization for Standardization/International Electrotechnical Commission） 646 になりました。

しかし ASCII だけでは，例えばドイツ語のウムラウト（ä, ö, ü），フランス語のアクサン・テギュなど（é, à, â, ü, …）を表現できません。そこで，7 ビット ASCII の一部を入れ替えた各国語版の ISO/IEC 646 が作られました。日本語版では，片仮名が組み込まれた JIS（Japanese Industrial Standards） X 0201 が標準化されました。

さらに，複数の言語を同時に使いたいという要求が高まり，8 ビット目を用いて各国語版を区別するようになりました。例えば 8 ビット目が 0 のときは英語（ASCII），1 のときは日本語という具合に。ISO/IEC 2022 の登場です。8 ビット（1 バイト）が使えるようになったので，2 バイトの符号化文字も使えるようになり，JIS 漢字も含めることができました。1978 年に制定された JIS X 0208 です。最新版である 1997 年版では，漢字だけでなく平仮名，片仮名，ラテン文字，ギリシャ文字など 6,879 文字が収録されています。

このような文字と数値の対応を，**符号化文字集合**と言います。暗号化するときに，平文を数値化するときにも符号化文字集合が使用できます。符号化文字集合を拡張する際にはできるだけ古い版と互換性を保ちたいため，初期の版の欠点も受け継がざるを得ず，古い版も依然として使われていたりするので，どんどん複雑なもの（継ぎ接ぎだらけ）になってしまっています。また，世界各国独自の符号化文字集合も作られます。

それで，符号化の統一を志したのが**ユニコード**（Unicode）で，1991 年，ユニコードコンソーシアム（Unicode Consortium）が創設され，1996 年に Unicode 2.0 が制定されました。最新版は ISO/IEC 10646 です。ユニコードにより，世界中のすべての文字がたった 1 つの文字コード規格に対応して統一がなされました。漢字も CJK（Chinese, Japanese,

Korean）互換漢字として組み入れられ，絵文字も含められています。コンピュータ内部ではいろいろな方式が使われていましたが，現在ではユニコードに統一されつつあるようです。

　符号化文字集合の数値を実際にコンピュータが使う数値に対応させるのが，**文字符号化方式**です。符号化文字集合 JIS X 0208 を符号化する方式には，SHIFT_JIS，EUC-JP（Extended UNIX Code packed format for Japanese），ISO-2022-JP などがあります。また，Unicode は UTF-8 や UTF-16 によって符号化されます。ここで，UTF は UCS Transformation Format で，8 は 8 ビット，16 は 16 ビットを意味します。また，UCS（Universal Coded character Set）はユニコードが採用する文字コードセットの 1 つで，ISO/IEC 10646 として規定されています。

　このように大変複雑なシステムが混合して使われていますから，文字化けが起こるのも無理はありません。文字化けは，送信側と受信側で使用する符号化文字集合や文字符号化方式が異なる場合に，必然的に起こるのです。

　電子メールは，アメリカが発祥の地であるため，7 ビット単位で送られていました。多言語に対応するため，MIME（Multipurpose Internet Mail Extensions）という規格が開発されました。メールはヘッダで文字コードセットなどを指定し，図や表なども挿入できますが，指定が間違ったりすると文字化けが起こります。とくに添付ファイルの名前が ASCII 以外だと文字化けが起こったりしました。

　現在ではかなりメーラーが賢くなり，文字化けも少なくなったようです。また，ファイルを変換するツールとして，iconv や nkf（Network Kanji Filter）などが開発されていて，文字化けしたときなどに活躍しています。（参考文献 [パソコン入門，矢野]）

第4章 量子ビットの候補と開発状況

2.2.6 節で量子ビットの担い手の候補名を挙げました。本章では，量子ビット候補の説明と開発状況について述べます。まず，量子ビット候補の大まかな特徴をまとめます。続いて，各量子ビット候補について，より詳しく，現時点での開発状況を述べます。

　量子ビット候補の選択・性能向上は量子コンピュータのハードウェアの中心課題であり，開発努力が日夜続けられていて，今後の進展に目が離せません。

4.1　量子ビット候補：概観

　量子ビットは，$|0\rangle$ と $|1\rangle$ の 2 つの状態を持つ量子系ならどういうものでも候補になり得ます。まず，現在主に開発されている量子ビット候補について，その概要をまとめます。

4.1.1　量子ビット候補

主な量子ビット候補として，**表** 4.1 のような量子系が開発されています。

4.1.2　主な量子ビットの時間スケールと最大演算回数

　表 4.2 に，主な量子ビットの現時点での時間スケールと演算速度を示します（ネットなどから作成）。**コヒーレンス時間**（デコヒーレンス時間とも言う）は，重ね合わせ状態や量子もつれなどの量子状態が壊れないで維持され

表4.1　主な量子ビット候補

量子ビット候補	$\|0\rangle$ と $\|1\rangle$ の状態	概要
捕捉イオン	エネルギーレベルなど	RF[†1]と静電場によって 1 列に捕捉
中性原子	エネルギーレベルなど	対向レーザーなどで捕捉
超伝導回路	エネルギーレベルなど	半導体技術を応用して超伝導回路を製作
光子（光パルス）	在り/無し，偏光など	光速移動の光パルスを重ねて演算
量子ドット	電子スピンなど	人工原子（電子を基板上に閉じ込めた構造）
核磁気共鳴	原子核スピン	NMR[†2]技術で操作
ダイヤモンド NV[†3] センター	電子スピンなど	ダイヤモンドの欠陥を利用
トポロジカル量子	マヨラナ準粒子[†4]対消滅	マヨラナ準粒子の組み換えで演算

†1 Radio Frequency，ラジオ波
†2 Nuclear Magnetic Resonance，核磁気共鳴，医療分野では MRI（MR Imaging）
†3 炭素原子が窒素（N）に置換，V は必然的に隣にできる空孔（vacancy）
†4 トポロジカル超伝導体などで生成される準粒子

表4.2　主な量子ビットの時間スケールと最大演算回数

量子系	コヒーレンス時間	スイッチ時間	最大演算回数
捕捉イオン	10^3 s	10^{-6} s	10^9 回
超伝導回路	10^{-3} s	10^{-8} s	10^5 回
光子	10^{-4} s	10^{-13} s	10^9 回
電子スピン	10^{-4} s	10^{-10} s	10^6 回
核スピン	10^3 s	10^{-4} s	10^7 回

る時間，**スイッチ時間**は 1 つの量子演算（ゲート操作）にかかる時間です。コヒーレンス時間をスイッチ時間で割った値が，最大演算回数であり，NISQ デバイス（3.4.1 節参照）で可能な最大演算数となります。

　量子状態が壊れて量子ビットの値が変わっても，将来的には誤り訂正機構で訂正できるようになりますが，NISQ デバイスではコヒーレンス時間以降の演算結果は信用できません。

4.1.3　ゲート忠実度とゲート速度

　図 4.1 に，主な量子ビットの**ゲート忠実度**（fidelity）と**ゲート速度**を示します（文献 [CRDS]）。ゲート忠実度とは，演算（量子ゲート）の誤り率を 1

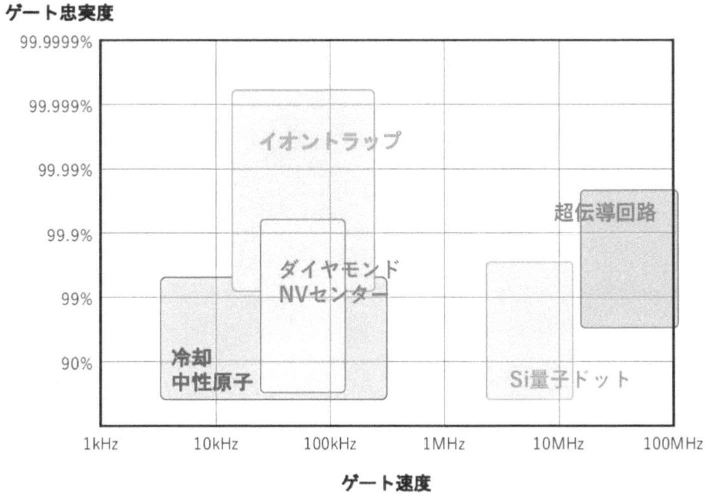

ゲート忠実度

図 4.1　ゲート忠実度とゲート速度
出典：CRDS-FY2018-SP-04:https://www.jst.go.jp/crds/pdf/2018/SP/
CRDS-FY2018-SP-04.pdf

から引いた値であり，1 に近いほど忠実度が高いです。量子ビットの性質と
して，ゲート忠実度は高いほど，ゲート速度は速いほど望ましいです。現在
のところ，ゲート速度では超伝導回路量子ビットが，ゲート忠実度では捕捉
イオン量子ビットが他をリードしています。

　量子コンピュータの性能を表す指標として，IBM が「**量子ボリューム**」を
提唱しています。量子ボリュームは，量子コンピュータの性能を，多様な指
標を組み合わせて，2 の累乗で表した数値です。多様な指標とは，量子ビッ
ト数，誤り率，量子ビットの相互接続性，量子ビットの忠実度や伝導性など
です。しかし，1 つの指標にこだわる危険性を指摘する声もあります[1]。

4.1.4　物理量子ビットと論理量子ビット

　量子ビットのことを**物理量子ビット**（physical qubit）と総称します。誤

---

[1]　量子コンピューターの性能を表す指標に「量子ボリューム」を用いることの危険性とは？ - GIGAZINE：
https://gigazine.net/news/20200309-turn-down-quantum-volume/

り訂正のために，複数の物理量子ビットで 1 つの**論理量子ビット**（logical qubit）を構成します（5.6.3 節参照）。物理量子ビットには，その他の**補助ビット**（ancilla）なども含まれます。つまり，物理量子ビットの数は，各演算の基本となる論理量子ビットを構成する量子ビット，および演算を支える補助量子ビットの数の合計です。

4.2　量子ビット候補の概要

　ここでは，表 4.1 に掲げた量子ビット候補の概要を述べます。各技術の利点と欠点は，各候補ごとに表としてまとめました。

4.2.1　捕捉イオン

　1 価の陽イオンであるカルシウムイオン（Ca⁺）やイッテリビウムイオン（Yb⁺）などを**レーザー冷却**などで冷却して，RF と静電場で超高真空（$< 10^{-8}$ Pa*²）中にトラップ（trap，捕捉）します。それぞれの捕捉（トラップ）イオンの基底・励起エネルギー状態を $|0\rangle$ と $|1\rangle$ とします。

問題 4.1　**超高真空の理由**

　捕捉イオン量子コンピュータでは，なぜ超高真空が必要なのでしょうか。

♡

　現在では，集積回路技術を活用して基板上に捕捉用の構造を作製し，1 列に約 10 μm 間隔で 30〜50 個ほどのイオンを捕捉して，量子コンピュータとして開発しています（**図 4.2**）。ゲート操作はレーザー光で行います。

　歴史的には，1995 年にシラク（Juan I. Cirac）とゾラー（Peter Zoller）が理論的に可能性を提唱し，同年にワインランドらが 2 量子ビットで初めて演算させるのに成功しました。演算には，全イオンの上下振動運動のエネル

※2　Pa（パスカル）は圧力の単位で 1 Pa = 1 kg/(m · s²) であり，1 気圧は 1013.25 hPa（ヘクトパスカル）= 1.01325×10^5 Pa です。

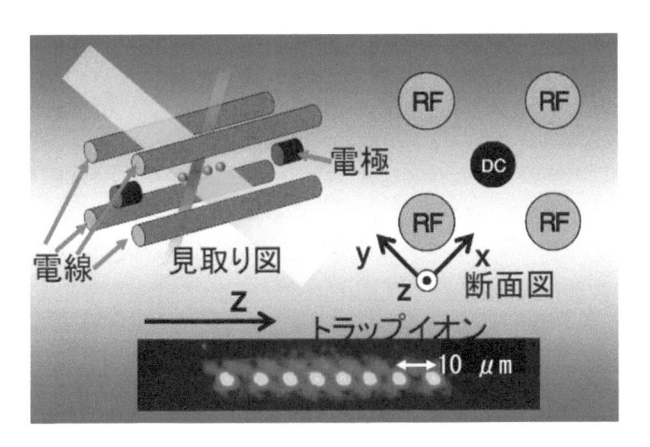

図 4.2　捕捉イオン
出典：https://www.qmedia.jp/basic-of-iontrap/

ギーレベルも用いて操作します（5.3.2 節参照）。

例題 4.1　レーザー冷却

　熱いイメージしかないレーザー光を用いて冷却できるとは信じられません。どうしてそんなことができるのですか。

解答例　レーザー光は，波長，振動数，位相がそろっている光です。（位相がそろうとは，個々の光子において，波としての山や谷がそろっていることを言います。）向かって来るイオンに，基底・励起レベル間のエネルギー差より少し小さいエネルギーのレーザー光を照射します。（光のエネルギーは，振動数と (1.3) の関係があります。レーザー冷却には，適切な振動数のレーザー光を選ぶのです。）

　すると，イオンに向かって来るレーザー光の振動数は，イオンから見るとドップラー効果によって高くなります。レーザー光のエネルギーがちょうど励起エネルギーと一致すると，レーザー光はイオンに吸収され，イオンは励起状態になります（5.3.1 節参照）。

　励起状態にあるイオンが電磁波を放出して基底レベルに戻ると，イオンの運動エネルギーは，イオンの励起エネルギーとレーザー光のエネルギーとの差の分だけ低くなります。

レーザー冷却は，これを繰り返してイオンを冷却するのです。　　　◇

表 4.3　捕捉イオンの利点と欠点

利点	すべての量子ビットが完全に同一
	集積回路技術を活用して基板上に捕捉可能
	全量子ビット結合が可能（完全結合）
	高ゲート忠実度（> 99.999%）
欠点	スイッチング速度は超伝導量子ビットよりは 1 〜 3 桁遅い
	拡張性？（1 量子ビット/10 μm：大規模化については7.3.5 節参照）

4.2.2　中性原子

電荷を持ったイオンの代わりに，電荷を持たない**中性原子**（ $\overset{\text{ルビジウム}}{\text{Rb}}$ など）を捕捉し，それぞれの原子の基底・励起エネルギー状態を $|0\rangle$ と $|1\rangle$ にします。中性原子もレーザー冷却などの後に捕捉できます。主に次の 2 つの捕捉方式があります（文献 [向井]）。

1 つは超伝導永久電流アトムチップ方式であり，固体表面上の電線に電流を流して生じる磁場によって捕捉します。このとき，量子ビットの集積度は約 1 万個/mm^2 です。

もう 1 つは二重 $\overset{\text{にじゅうひかりこうし}}{光格子}$ 方式であり，複数のレーザー光による干渉で光格子を作製して，中性原子を 3 次元的に捕捉します。この方式は既に，超正確な原子時計（光格子時計）[※3] として実現されています。二重光格子方式での量子ビットの集積度は 100 万個/(100 μm)^3 が可能です。

表 4.4　中性原子の利点と欠点

利点	すべての量子ビットが完全に同一
	コヒーレンス時間が長い（数秒以上）
	拡張性が高い
欠点	演算時間が長い（約 1 ms）
	まだ開発途上？

※3　香取秀俊・東大教授が開発。光格子時計は，宇宙年齢（138 億年）で数秒しか狂わないという精度を誇ります。この超高精度により，一般相対論の予言の「重力の微小な高度変化」が検出できました。

4.2.3 超伝導回路

　超伝導回路は現在，開発競争の先頭を走っている量子系です。これまでに培った半導体技術を応用して，基板上に超伝導回路を製作します。ジョセフソン[※4]接合を利用し，基底状態/励起状態，または電流の右回り/左回りで量子ビットを構成します。ジョセフソン接合は，2つの超伝導体の間に薄い絶縁体の膜をはさんだ素子です。クーパー（Cooper）対（2個の電子）が，素子の絶縁体をトンネル効果によって超伝導電流として流れます。

　D-Wave の量子アニーリング方式コンピュータは，量子ビットとして，電流の右回り/左回りによる**磁束量子**を用います。（量子化された磁束量子は $\Phi_0 \equiv \frac{h}{2e}$ の磁束を持ちます。ここで，h はプランク定数，e は電気素量です。量子ビットでの磁束は，磁束量子の半分の $\frac{\Phi_0}{2}$ となります。）

　一方，Google，IBM，理化学研究所などの量子ゲート方式コンピュータでは，LC 回路（**図** 4.3）の基底エネルギー状態/励起エネルギー状態を量子ビットとします。ここで，L はコイルのインダクタンス，C はコンデンサ（キャパシタ）の電気容量です。

　超伝導回路量子ビットの演算は，マイクロ波を照射して行います（5.3.2 節参照）。LC 回路量子ビットでは，ジョセフソン接合の L の非線形性によりエネルギーレベルが等間隔からずれます。そのため，基底状態/励起状態が量子

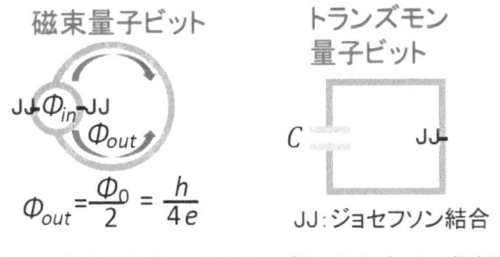

図 4.3　磁束量子ビットとトランズモン量子ビットの概念図

出典：川畑史郎，量子アニーリングのためのハードウェア技術，オペレーションズ・リサーチ，2018 年 6 月，335-341 の図 2 に追加；http://www.orsj.or.jp/archive2/or63-6/or63_6_335.pdf

---

[※4]　Brian D. Josephson（英，1940-）1973 年，江崎玲於奈，ジェーバー（Ivar Giaever）両氏とともにノーベル物理学賞受賞。その後，心や精神の問題に取り組んでいます。

ビットとして使えるのです。**図 4.4** は，量子ゲート方式コンピュータで使われているトランズモン量子ビットの構造です。図でSQUID（Superconducting QUantum Interference Device，超伝導量子干渉計）は，通常は極めて微弱な磁場を測定する装置のことです。

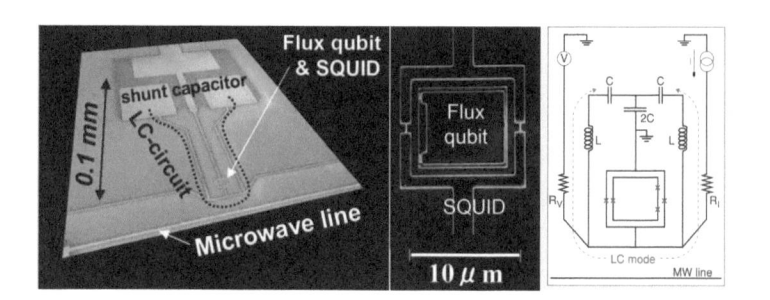

図 4.4　トランズモン量子ビットの構造

出典：仙場浩一，超伝導量子ビットと単一光子の量子もつれ制御，NTT 技術ジャーナル 2007 年 11 月号；https://www.ntt.co.jp/journal/0711/files/jn200711018.pdf

問題 4.2　エネルギーレベルが等間隔では，量子ビットには不向きな理由

エネルギーレベルが等間隔だと量子ビットには不向きな理由を説明しなさい。ただし，量子ビットの操作にはマイクロ波を使って，エネルギーレベル間を遷移させます（5.3.1 節参照）。　　　　　　　　　　　　　　　　♡

超伝導回路方式では量子ビット間の完全結合が難しいため，IBM はスター型（1 個の量子ビットから他のすべての量子ビットに結合），Google は隣接型部分結合（隣同士の量子ビットを結合），D-Wave はペガサスグラフ（ペガサスと名づけられたトポロジーによる結合）にしています。

歴史的には 1999 年，NEC の中村泰信・Yuri Paskin・蔡兆申の 3 氏が世界で初めて超伝導量子ビット（2 ビット）の作製・制御に成功しました。そのときのコヒーレンス時間はせいぜい 1 ns（ナノ秒 $= 10^{-9}$秒）でした。

問題 4.3　超伝導回路の量子コンピュータが故障時に不利なこと

将来，商用の超伝導回路の量子コンピュータが稼働しているとして，回路に故障が発生したときに，捕捉イオンの量子コンピュータなどと比べて不利

なことは何でしょうか。　♡

表 4.5　超伝導回路の利点と欠点

利点	集積回路技術が使用可能で，集積可能性と設計自由度が高い（量子ビット数は 100 量子ビット/cm^2 程度と見込まれる） ゲート速度が速い（100 MHz^{†1}）
欠点	完全結合が難しい 超極低温（∼ 10 mK）に冷却する必要がある

†1 振動数（1 秒間に振動する数）の単位で，ヘルツと読む

4.2.4　光子

光子の偏光（縦/横，右回り/左回り）などを量子ビットとして用います[※5]。他の量子ビットがほとんど静止しているのに対し，光子は光速で移動しています。それを活用することにより，測定型量子計算モデル（5.1.1 節参照）の量子コンピュータの開発が進んでいます。すなわち，光パルス（光子）を重ねて干渉させ，もつれ合い状態（リソース状態）を作り，1 パルスごとに測定しつつ計算する方式です。**図** 4.5 のように，光パルスをループに回すことによって効率的に演算させる装置が提案されています（文献 [古澤，武田]）。

問題 4.4　**光量子コンピュータが室温ではたらく理由**

光量子コンピュータが室温で問題なくはたらく理由を説明しなさい。ヒント：光子の持つエネルギー（(1.3) 参照）と室温の熱エネルギー（$k_B T$）とを比較しなさい。ここで，$k_B \equiv 1.380649 \times 10^{-23}$ J/K はボルツマン定数，T は絶対温度です。また，光速を 3.0×10^8 m/s，光の波長を $0.5\,\mu$m として計算しなさい。　♡

※5　偏光のほかに，次のような方式があります。空間的な分布を使う方法：0 次分布（球対称分布）を $|0\rangle$，1 次分布（上下に分かれた分布）を $|1\rangle$。スクイーズド光を使う方法：振幅スクイーズドを $|0\rangle$，位相スクイーズドを $|1\rangle$。スクイーズド光について補足します。例えば光の位相スクイーズとは，位相の量子揺らぎを小さく（スクイーズ）した状態です。その状態は，光子数の量子揺らぎを大きくする（犠牲にする）ことにより実現できます。犠牲の理由は，不確定性原理により，（位相の揺らぎ）×（光子数の揺らぎ）$\geq \frac{1}{4}$ の関係があるためです。

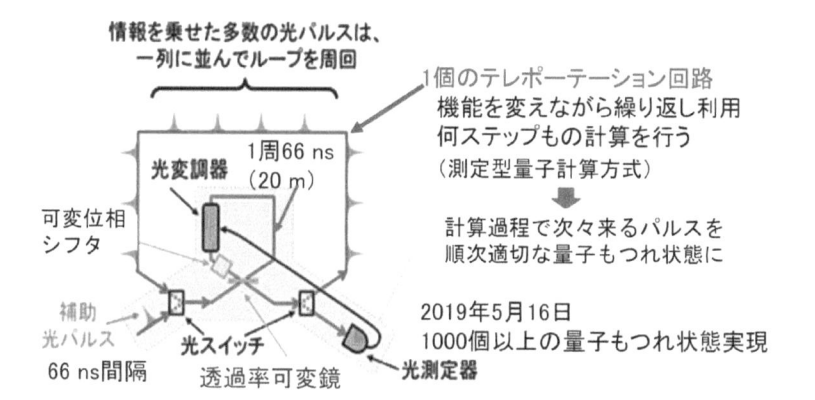

図 4.5　ループ方式の光子コンピュータ
出典：https://www.jst.go.jp/pr/announce/20170922/index.html

表 4.6　光子の利点と欠点

利点	室温・大気圧下で動作する
	高速計算が可能（クロック数は $10\ \text{THz} = 10^{13}/\text{s}$）
	単一光子の検出・制御技術が確立し，多数の光パルスで計算可能
	量子誤り訂正技術も既に確立
欠点	複数の光量子ビット間の操作が困難（ある確率で実現）
	光子 1 個を 100％確実に生成する技術はまだ無く，多数の同時生成は困難
	光子損失の問題がある（光子は意図せずに散乱して失われる）

4.2.5　量子ドット

　量子ドットは，基板上にナノサイズの構造を作って電子を閉じ込めた人工原子です。そのエネルギーレベルや電子スピンを量子ビットとして用います。シリコン基板にリンなどの n 型元素（外殻にシリコンより 1 個余分な電子を持つ元素）をドープ（混入）して，そこに偏在する電子を量子ビットとする方法も，量子ドットと分類されます。

　ここでは，シリコン基板上に作製した構造に 1 個の電子を閉じ込め，そのスピンの下向き，上向きで $|0\rangle$，$|1\rangle$ の状態を作る場合を考えます。シリコン原子には安定同位体として ^{28}Si，^{29}Si，^{30}Si がそれぞれ 92.2％，4.7％，3.1％含まれます。電子スピンを量子ビットとして用いるためには，^{29}Si がノイズ源

になります。そこで純粋 ^{28}Si ウェハ上に電子スピン量子ビットを作成することが行われています。実績のあるシリコン微細加工技術を活用することにより，1 億量子ビット/cm^2 が期待できます。

問題 4.5 ^{29}Si がノイズ源になる理由

なぜ ^{29}Si がノイズ源になるのでしょうか。ヒント：Si の左上の数字は質量数，すなわち，陽子数（原子番号，Si では 14）と中性子数の和です。陽子や中性子は，電子に比べて小さいながらもスピン（核スピン）$\frac{1}{2}$ を持っています。核スピンは，原子の中の電子と同様，偶数個だと相殺します。　　♡

歴史的には 1995 年にバレンコ（Adriano Barenco）らが量子ドットを用いて量子コンピュータを造ることを提案しました。2020 年 2 月には理化学研究所（理研）と東京工業大学のグループが高速読み出し法に成功し（**図 4.6**），2021 年 6 月には理研が 3 量子の制御と量子もつれ合い状態生成に成功するなど開発が活発に行われています。

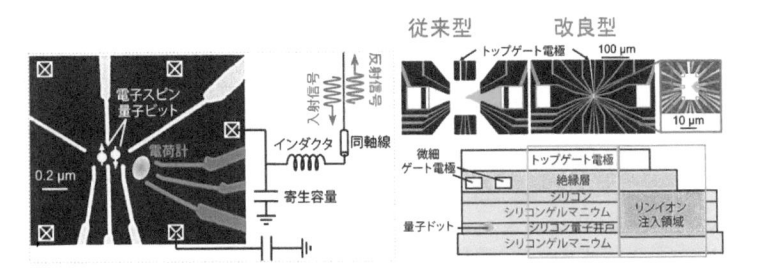

図 4.6　シリコン電子スピン量子ビット高速読み出し
出典：https://www.riken.jp/press/2020/20200214_1/index.html

表 4.7　量子ドットの利点と欠点

利点	極低温（〜 1 K）だが，大規模な冷却装置は不要
	拡張可能性が高い
	超伝導回路よりかなり長いコヒーレンス時間が期待される
欠点	数十量子ビットチップの実証はこれから

4.2.6　核磁気共鳴（NMR）

　原子核スピンを量子ビットとし，NMR（Nuclear Magnetic Resonance, 核磁気共鳴）技術で操作します。NMR は，7〜23.5 T の強磁場中の核スピンを RF（ラジオ波）を照射して反転させ，放出される電磁波を観測する技術です。医療分野では，MRI（Magnetic Resonance Imaging）として，身体内部組織の立体視を可能にしています。

　核スピンを量子ビットとする NMR 量子コンピュータの実証は，2001 年に IBM が達成しました。IBM は，**図 4.7** の分子溶液のうちの 7 原子を 7 個の量子ビットとして用いてショアのアルゴリズムを実行し，15 の素因数分解に初めて成功したのです。

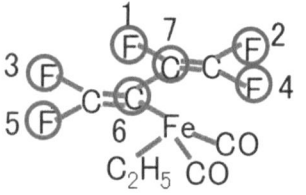

図 4.7　15 の素因数分解に用いた分子

　この 7 原子の核スピンは，それぞれ異なるエネルギーレベルを持ち，異なる振動数の RF で操作できます。他の量子コンピュータでは量子ビット 1 個 1 個を操作できますが，この**分子溶液 NMR 量子コンピュータ**では，7 個の量子ビットそれぞれを 10^{18}個 の集団として操作します。すなわち，10^{18}個 の集団のうちの 10^{10}個 を，RF で共鳴させることによって演算するのです。

　このように，分子溶液 NMR 量子コンピュータでは，制御可能な量子ビットの集団は 10 個ほどが限界で，それ以上の拡張性は期待できません。そこで現在では，半導体などの固体を用い，個々の核スピンを操作する**固体 NMR 量子コンピュータ**の開発が行われています。例えば，リン（^{31}P）を STM（Scanning Tunnel Microscope）で格子状に並べた量子ドットでは，リン原子核のスピンを量子ビットとして用いる方法が開発されています。

問題 4.6　**分子溶液 NMR 量子コンピュータが拡張性に欠ける理由**

NMR量子コンピュータでは，なぜ分子溶液ではなく固体を用いないと拡張性に欠けるのでしょうか。　　　　　　　　　　　　　　　　　♡

表4.8　核磁気共鳴の利点と欠点

利点	核スピンのコヒーレンス時間は非常に長い（約1000秒）
欠点	固体単一量子ビットの初期化・測定や2量子ビット操作が困難

4.2.7　ダイヤモンドNVセンター

NVのNとは，ダイヤモンド結晶中の炭素原子（C）が窒素原子（N）に置換したもの，Vとは，その隣に必然的にできる空孔（vacancy）です。NVセンターをカラーセンター（色中心）とも言います。それは，そのような欠陥が特定の波長の光を吸収して色が着くからです。

ダイヤモンドのNVセンター（**図**4.8）は室温で安定であり，良好な量子ビットになります。NVセンターに偏在する電子や窒素原子核のスピンをレー

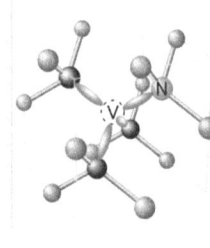

図4.8　ダイヤモンドNVセンター

出典：http://mizuochilab.kuicr.kyoto-u.ac.jp/research.html（左図）
　　　https://www.jst.go.jp/pr/announce/20180813/index.html（中，
　　　右図）

表4.9　ダイヤモンドNVセンターの利点と欠点

利点	極低温（1〜10 K）だが，大規模な冷却装置は不要
	集積化により大規模化も容易
	量子誤り耐性に優れ，高速で高精度な操作が可能
欠点	開発途上

ザー光で操作して，重ね合わせ状態にしたり，ゲート操作をすることができます。

4.2.8 トポロジカル量子

トポロジカル超伝導体などの表面・端部で生じるマヨラナ[6]準粒子を利用します。（準粒子は物質中で量子化された量子のことです。真空中で量子化される粒子と区別するために「準」をつけます。）マヨラナ準粒子は，未発見の素粒子（真空中に住む基本粒子）マヨラナ粒子にちなんで命名されました。マヨラナ準粒子は，物質中で量子化され，粒子と反粒子が同一の半整数スピン準粒子です。反粒子と粒子とは，量子数（質量，寿命，スピン，電荷など）の絶対値は等しく，符号を持つ量子数の符号が互いに逆の粒子です。マヨラナ準粒子対の 2 つの消滅型を量子ビットとして用い，マヨラナ準粒子の入れ替えで演算（ゲート操作）を行います。

問題 4.7 　トポロジカル超伝導体の準粒子がマヨラナ型になる理由

マヨラナ準粒子は，超伝導体中の電子とホール（正孔）が区別できないため，粒子と反粒子が同一のフェルミ粒子（半整数スピン粒子）として振る舞います。なぜ電子とホールが区別できないのでしょうか。ヒント：超伝導は，2 個の電子がクーパー対として凝縮するために起こります。ホールとクーパー対とがあるとき，全電荷は？ ♡

トポロジカル絶縁体や**トポロジカル超伝導体**の存在は 2005 年にケーン（Charles L. Kane）らによって予言され，2007 年に確認されました。トポロジーは，形を連続的に変えても変わらない性質です。したがってトポロジカルな量を量子ビットにできれば，ノイズに強くコヒーレンス時間が長いという利点が期待されます。そのため，トポロジカル量子コンピュータでは，物理量子ビットの数は論理量子ビットの約 10 倍で済みます。（別の方法では最大 1 万倍も必要と見積もられています。）

---

[6] Ettore Majorana（伊，1906-1959?）1937 年にマヨラナ粒子を予言しました。マヨラナ粒子は，粒子と反粒子が同一のフェルミ粒子（半整数スピン粒子）で，未発見です。マヨラナは天才ぶりを発揮していましたが，1938 年に謎の失踪をしました。

提案されている装置の1例として，**図**4.9のような装置を紹介します。この例では，ナノワイヤー半導体（InAs や InSb など）の表面のワイヤーに沿った半分に超伝導物質の膜を作り，超伝導バルクに接続すると，ワイヤーの両端にマヨラナ準粒子が生成されます。

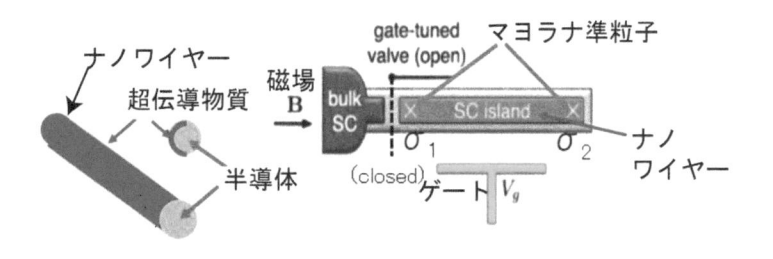

図 4.9　マヨラナ準粒子

出典：D. Asen et al., Phys. ReV. X 6,031016（2016）に基づいて作図

マヨラナ準粒子の存在は，2018 年に京都大学・東京大学・東京工業大学のグループが磁性絶縁体の塩化ルテニウム（α-RuCl$_3$）の熱的性質を調べることによって実証することに世界で初めて成功しました[7]。

表 4.10　トポロジカル量子の利点と欠点

利点	トポロジカル状態は安定でノイズに強く，コヒーレンス時間が長い
	量子誤りトポロジカル符号がそのまま使える
	測定型（一方向型）量子計算（5.1.1 節参照）も可能
欠点	まだマヨラナ準粒子が発見されたばかりで，開発はこれから

4.2.9　組み合わせ型や新規量子ビットの可能性

主な量子ビット候補を挙げてきましたが，量子コンピュータの実現に向けて，これらを組み合わせた技術が実用化される可能性もあります。さらに，新規の量子ビットが提案・実現される可能性もあります。例えば 2000 年代に東芝は，EIT（Electromagnetically Induced Transparency，電磁波誘起

※7　http://www.issp.u-tokyo.ac.jp/maincontents/news2.html?pid=5649

透明化）結晶を量子ビットとして開発していました。EIT として，希土類イオン分散結晶（$Pr^{3+}:Y_2SiO_5$）がテストされていました。この結晶は，イットリウム珪酸化物 Y_2SiO_5 中に Pr^{3+}（プラセオジム 3 価イオン）を分散させたものです。

コラム ❹ シュレーディンガーの猫と猫状態

　シュレーディンガーの猫は，1935 年にシュレーディンガーがアインシュタインとの往復書簡での議論の末に発表した思考実験です。量子力学の重ね合わせの原理の解釈がいかに不合理なものかを示すための例として考案され，「シュレーディンガーの猫のパラドックス」と呼ばれています。箱の中に放射性物質，放射線測定装置，毒ビン，猫を入れます。放射性物質が崩壊して放射線測定装置が放射線を観測すると，毒ビンが割れて猫が直ちに死ぬと仮定します。（わざわざ（？）残酷な設定にしてあります。）箱を開けるまで，中の様子は分かりません。

　放射性物質は 1 時間後に 50％の確率で崩壊して放射線を出す，という設定になっています。すると 1 時間後には，猫が生きている確率と死んでいる確率が，ともに 50％となります。箱を開ける前の猫の状態は，量子力学的には「生きている状態と死んでいる状態の重ね合わせ状態」となりますが，箱を開けてみれば，生きているか死んでいるかのどちらかなので，パラドックスとなります。重ね合わせ状態では，箱を開ける前の猫の波動関数 $|\psi_猫\rangle$ は，次のように表されるはずです。

$$|\psi_猫\rangle = \frac{1}{\sqrt{2}}\left(|\,\text{生きている猫}\,\rangle + |\,\text{死んでいる猫}\,\rangle\right) \tag{4.1}$$

　シュレーディンガー自身も「まったくもってばかげている」と書いたこのパラドックスは，後の科学者を悩ませ，魅了して来ました。1 つの考え方は，「猫の状態は (4.1) のような重ね合わせ状態ではなく，単なる混合状態である」と考えるものです。すなわち，2 つの相容れない状態を混ぜた状態であり，（考えるだけで残酷ですが）「同じ実験を何度も繰り返すと，約半数の猫は生きていて半数の猫は死んでいる。箱を開けて観測すると，その事実を発見するだけである」という見方です。重ね合

わせ状態と混合状態のどちらの見方が正しいのでしょうか。

このシュレーディンガーの猫問題を突き詰めると,「量子力学に従うミクロ状態と,古典力学に従うマクロ状態とを分けるものは何か」という問いになります。実験技術の進歩により,キーワードがデコヒーレンスであると認識されました。

デコヒーレンスとは何でしょうか。2.1.2 節の吹き矢で考えてみます。まずコヒーレンス状態について考えます。筒の黒い点を上にして(鋭角な磁極を上向きにして),矢の赤い線を右向きにした場合,矢は的の上と下に約半数ずつ刺さります。すなわち,矢が混合状態なのか,それとも重ね合わせ状態なのかはこれだけでは分かりません。ところが,筒の黒い点を右にして吹いてみると,すべての矢が的の右側に刺さります。すなわち,最初の状態の矢は,重ね合わせ状態だったと結論できます。

次に,筒の黒い点を上にしたまま,矢の赤い線の向きをランダムにして吹くと,矢は的の上側と下側に,約半数ずつ刺さります。筒の黒い点をどの向きに向けてみても,結果は半々に分かれ,どちらか一方になることはありません。「この状態は,混合状態である」ということが分かります。矢の向きをランダムにする原因をデコヒーレンスと定義し,矢と周りの環境との相互作用によってデコヒーレンスが起きると考えます。

つまり,マクロの物質は一般に,環境との相互作用によってコヒーレンスが壊れて,混合状態になっていると考えます。分子数が多いほどコヒーレンスが壊れる時間が短くなることが,理論的にも実験的にも知られています。

それでは,原子スケールより大きな物理系で,シュレーディンガーの猫状態 (4.1) を作ることは可能でしょうか。答えはイエスです。もちろん,生と死のような極端な 2 つの状態ではないですが。

現在,コヒーレンス状態を保持する実験技術の進歩により,「シュレーディンガーの猫状態」が実験的に生成できるようになりました。マクロな構造物である超伝導回路における右回り/左回り電流の重ね合わせ状態が,まさに猫状態と言えるのです(文献 [ジェリー])。また,レーザー光による猫状態生成技術は,量子ビットとしても使え,光通信ネッ

トワークの分野の発展にも大きく寄与すると期待されています[8]。(参考文献 [佐々木, 古澤, グリーンスタイン])

---

[8] https://www.nict.go.jp/quantum/topics/4otfsk00000bfwmv-att/schrodinger.pdf

第5章 量子ゲート方式コンピュータ

この章では，量子ゲート方式コンピュータについて詳述します。ショアやグローバーなどのアルゴリズム（第3章参照）は，量子ゲート方式コンピュータが実現して初めて実行可能になります。ただし，原理的には，最適化問題に特化した量子アニーリング方式コンピュータ（第6章参照）でも，ハードウェアの追加により，これらのアルゴリズムが実行可能とのことです（1.4.1節参照）。

　量子ゲート方式コンピュータは汎用計算機です。その計算方式である汎用量子計算モデルは4種類に大別されます。通常，量子ゲート方式コンピュータは，そのうちの1つ，標準的モデルである量子回路計算モデルを用います。まず，それ以外の3つの計算モデルについて概略を説明します。

　次に，量子回路計算モデルについては，量子ゲートの説明をまず行い，続いて，量子ビットをどう操作するのかについての例を述べます。さらに，いろいろなアルゴリズムとその量子回路図例を挙げた後，量子プログラミング言語と量子誤り訂正について簡潔に解説します。

5.1 汎用量子計算モデル

　汎用量子計算モデルは，主に表5.1の4種類が提案されています。量子回路計算モデルについては5.2節以降で述べます。その他のモデルについては，5.1.1節以下で概略を説明します。

表 5.1　汎用量子計算モデル

量子計算モデル	概要
量子回路	標準型。量子ビットをまず初期化し，順次演算して最後に測定
測定型(一方向型)	特殊な初期状態を準備後 1 量子ビットずつ測定し，最後に残りビットを測定
断熱型	エネルギー演算子を断熱的に変化させてシュレーディンガー方程式を解く
トポロジカル	マヨラナ準粒子の組み換えで演算

5.1.1　測定型量子計算モデル

　測定型量子計算モデルは，2001 年にラッセンドルフ（Robert Raussendorf）とブリーゲル（Hans J. Briegel）が提案しました。この方法は，量子回路計算モデルと計算内容が等価であることが示されています。この計算モデルは**一方向型量子計算モデル**とも呼ばれ，次のように計算を行います。

(1) n 量子ビットによる**リソース**（resource）**状態**を作製します。（リソース状態を，**ユニバーサル量子状態**，または**クラスター状態**とも言います。もつれ合った初期状態のことです。）

(2) 1 量子ビットを，ある角度（ブロッホ球での角度（付録 A.1.1 節参照））で測定します。

(3) その結果に基づいて次の角度を古典コンピュータで計算し，次の量子ビットをその角度で測定します。個々の測定が，結果的に個々の量子ゲートに対応します。

(4) (3) を所定の回数（m 回とする）だけ繰り返します。

(5) 残った量子ビット（$n - m$ 個）を測定します。測定した量子ビットの値は，欲しい量子演算の結果になっています。

　この方法の特長は，量子的段階（リソース状態の作製）と，古典的段階（測定）が分離されていることです。最初のリソース状態はユニバーサルであり，どんな計算にも使えます。また，リソース状態の難しい部分の作製は，成功するまで繰り返すことができます。

　測定型量子計算モデルは，光子による計算に最適であり，また，「量子誤り耐性計算を，表面符号（surface code）に基づいて簡潔に実現可能」という利点を持ちます（文献 [小柴,竹内]）。

5.1.2 断熱型量子計算モデル

断熱型量子計算モデルでは，エネルギー演算子（ハミルトニアン）を，簡単な初期状態から欲しい終状態へ断熱的に変化させて，**シュレーディンガー方程式**を解きます[1]。

断熱型量子計算モデルは，2000 年にファーヒ（Edward Farhi）らが提案しました。それまでの方法では，問題関数を変えずに，答えとなる変数を探していました。一方，断熱型量子計算モデルは，問題関数の形を断熱的に変えて答えを求めるという，逆転の発想とも言える方法です。

以下に断熱型量子計算の方法について説明します。まず，古典力学での例を挙げます。量子コンピュータでは，その考えをシュレーディンガー方程式に取り入れればよいのです。

古典力学での例

断熱型量子計算の基本的考え方を，重力下でのボールの最安定位置を求める場合について説明します。問題関数（1 次元座標 x の位置におけるポテンシャルエネルギー（位置エネルギー））を

$$V(s,x) = (1-s)f_{始}(x) + sf_{終}(x), \quad s = 0 \rightarrow 1 \tag{5.1}$$

と置きます。

図 5.1 は，$f_{始}(x) = 0$，$f_{終}(x) = x^4 - 2x^2 + 1$ のときの例です。ボールは $-\infty < x < \infty$ の位置にばらまかれます。s をゆっくりと $0 \rightarrow 1$ にして行ってニュートンの運動方程式を解くと，ボールは最安定位置に集まっています。

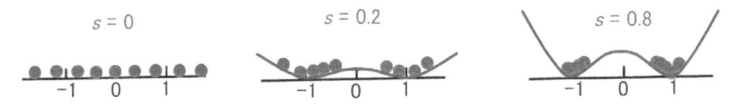

図 5.1　断熱型モデルによる重力下でのボールの最安定位置の求め方

※ 1　「断熱的」の元々の意味は，系に熱（すなわちエネルギー）の出入りが無いことですが，量子力学での断熱的とは，「系を，エネルギー演算子の基底状態に保ったまま，ゆっくりと熱の出入り無しに系を変化させる」という意味です。

量子コンピュータでは，シュレーディンガー方程式のエネルギー演算子（ハミルトニアン）を $s = 0$ では簡単なもの（波動関数が求まっているもの）とし，$s = 1$ では求めたいものとします（付録 C.2 節参照）。量子アニーリング法も同様の考え方に基づいています。ただし，量子アニーリング法では，必ずしも断熱条件を厳密に課してはいないという違いがあります。

5.1.3 トポロジカル量子計算モデル

マヨラナ準粒子（4.2.8 節参照）の組み換え（組みひも理論）で演算します。この方法も，計算内容は量子回路計算モデルと理論的には等価になります。トポロジカル量子計算モデルは，1999 年にザナルディ（Paolo Zanardi）とラセッティ（Mario Rasetti）が提案し，2006 年にキタエフ（Alexey Y. Kitaev）がマヨラナ準粒子の活用を提案しました。

この方法では，量子ビットの $|0\rangle$ と $|1\rangle$ を，マヨラナ準粒子対を生成してその対消滅の仕方によって定義します。すなわち，$|0\rangle$ は対消滅して真空になる変化，$|1\rangle$ は対消滅によりフェルミ粒子を生成する変化です。

量子演算は，マヨラナ準粒子対の組み換えによって行います。マヨラナ準粒子は，2 次元系で現れるエニオン（anyon）として振る舞います。エニオン対の入れ替えによって生じる位相 $e^{i\theta}$ を活用します。θ は，エニオン対の入れ替えに対応して生じる角度です[2]。

この方法の最大の強みは，トポロジカルな現象を使うので環境ノイズに強い（コヒーレンス時間が長い）ことです。また，量子誤り訂正もトポロジカルにコードでき，**誤り耐性計算**（fault-tolerant computing）が可能です。しかしながら，マヨラナ準粒子の存在が確認されたばかりであり，開発はこれからなので，詳細は省きます。

---

[2] 3 次元の真空中では，粒子はボース粒子（boson, 整数スピン粒子）とフェルミ粒子（fermion, 半整数スピン粒子）に大別されます。2 つの同一粒子の入れ替えによって，ボース粒子は正符号（$\theta = 0$），フェルミ粒子は負符号（$\theta = \pi$）が生じます。このため，ボース粒子は極低温でボース・アインシュタイン凝縮を起こすことができ，フェルミ粒子はパウリの排他律に従うのです。

量子回路計算モデルと量子ゲート

量子回路計算モデルは，標準型の量子計算モデルです。まず各量子ビット
を $|0\rangle$ や $|1\rangle$ の初期状態にセットし，量子演算を繰り返し行って，最後に各量
子ビットを測定することにより結果を得ます。

この節では，まず量子ゲートを定義した後，それを用いたいろいろな量子
回路を示します。

5.2.1　古典ゲートと量子ゲート

古典コンピュータでは，ビットをゲート（古典ゲート）に通すことによっ
て計算を行っています。一方，量子コンピュータでは，量子ビットに量子演
算を施すことによって計算を行います。そこで，古典コンピュータにならっ
て，量子演算子を量子ゲートと呼びます（付録 A.1.3 節参照）。

古典ゲート

古典コンピュータでは，ビットを $AND, OR, NOT, NAND\,(not\,AND)$，
$NOR\,(not\,OR), XOR\,(exclusive\,OR)$ などのゲートを通すことによっ
て計算します（**図 5.2**）。NOT ゲートは，１入力・１出力であり，入力ビッ
トを反転します。$AND, NAND, OR, NOR, XOR$ は，２入力・１出力
のゲートで，可逆ではありません。可逆の場合，回路を逆にたどることがで

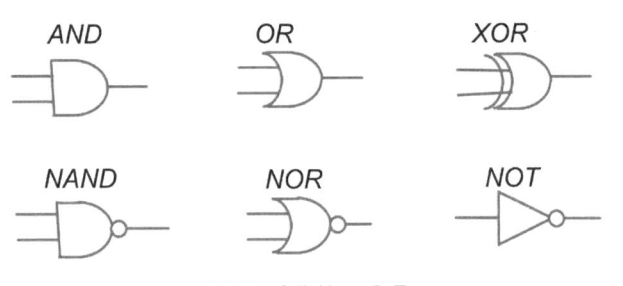

図 5.2　古典ゲート記号

きます。NOT ゲートは可逆ですが，AND, $NAND$, OR, NOR, XOR は，2 つの状態から 1 つの状態になるため，不可逆（非可逆）です。それらの入力と出力の関係を，**表** 5.2 に示します。

表 5.2 AND, $NAND$, OR, NOR, XOR の入力と出力の関係

入力	0 0	0 1	1 0	1 1
AND	0	0	0	1
$NAND$	1	1	1	0
OR	0	1	1	1
NOR	1	0	0	0
XOR	0	1	1	0

万能古典ゲート

古典コンピュータでは，AND ゲートと NOT ゲートの組によって（または，$NAND$ ゲートだけで）すべてのゲートを作り出すことができます。それで，AND ゲートと NOT ゲートの組（または，$NAND$ ゲートのみ）を万能ゲートと呼びます。

問題 5.1 NOT, AND, OR, NOR, XOR ゲートを $NAND$ ゲートで作製

NOT, AND, OR, NOR, XOR ゲートを $NAND$ ゲートだけを用いて作製しなさい。　　　　　　　　　　　　　　　　　　　　　♡

量子ゲート

同様に，量子ゲート方式コンピュータ（とくに量子回路計算モデル）では，量子ビットに演算を施して（量子ゲートに通して）計算します。

5.2.2　1 量子ゲート

この節では，1 量子にはたらくゲートを考えます。まずパウリゲートとアダマールゲートを説明し，アダマールゲートを用いた乱数（ランダムな数）生

成量子回路を紹介します。

パウリゲートとアダマールゲート

よく使われる1量子ゲート（演算子）として，X, Z, H の3つがあります。X, Z はパウリ（Pauli）ゲート，H はアダマール（Hadamard）ゲート（またはウォルシュ（Walsh）・アダマールゲート）と言います。X, Z, H を状態 $|0\rangle$ や $|1\rangle$ に施すと，次のようになります。

$$X|0\rangle = |1\rangle,\quad X|1\rangle = |0\rangle \tag{5.2}$$

$$Z|0\rangle = |0\rangle,\quad Z|1\rangle = -|1\rangle \tag{5.3}$$

$$H|0\rangle = \frac{1}{\sqrt{2}}(|0\rangle + |1\rangle) \equiv |+\rangle,\quad H|1\rangle = \frac{1}{\sqrt{2}}(|0\rangle - |1\rangle) \equiv |-\rangle \tag{5.4}$$

すなわち，X はビット反転，Z は $|0\rangle$ をそのままにし，$|1\rangle$ の符号を変えます（位相反転）。H は，$|0\rangle$ や $|1\rangle$ を $|0\rangle$ と $|1\rangle$ の重ね合わせ状態に変えます。このとき，$|0\rangle$ と $|1\rangle$ の確率振幅の大きさ（符号を除いた数値）は等しいです。

これらのゲートを量子回路図で表すと，図5.3のようになります。X, Z, H は回転ゲートの代表例です。もっと一般的に，$|0\rangle$ と $|1\rangle$ の任意の重ね合わせ状態を作る回転ゲートも定義できます（付録A.1.3節参照）。

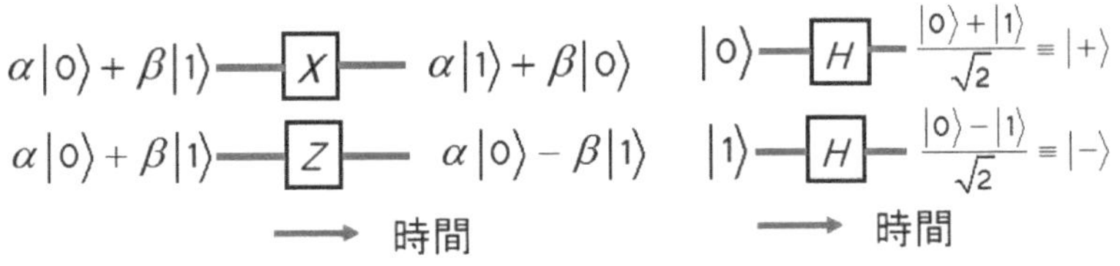

図5.3 X, Z, H **の量子回路図**

X, Z, H ゲートそれぞれを，連続して2度行うと元に戻ります。すなわち，

$$X^2 = Z^2 = H^2 = I \tag{5.5}$$

が成り立ちます。ここで I は恒等演算子であり，演算しても状態を変えない演算子です。

問題 5.2 $H^2 = I$ の証明

$H^2 = I$ が成り立つことを確かめなさい。　　　　　　　　　　　♡

乱数生成量子回路

ここで，乱数生成量子回路（**図** 5.4）を紹介します。乱数生成には，まず必要な数の量子ビットを用意し，それぞれを $|0\rangle$ または $|1\rangle$ に初期化してアダマールゲートを通した後，測定します。右端の「計器」の記号が「測定」を表します。

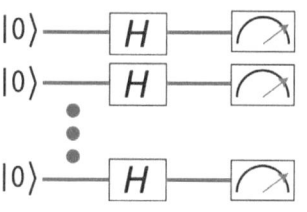

図 5.4　乱数生成量子回路

すると，状態 $|\pm\rangle$ は，50％の確率で 0，または 1 として観測されます。0 と 1 は，まったくランダムに生成されます。こうして，真にランダムな数が生成できます。

ただし，生成された数が真にランダムな数であることを保証するためには，初期状態が正しく設定されていること，アダマールゲートが精度よく演算されていること，および，正しく測定されていることが必要です。そのことを保証することは，意外と難しそうです。

ランダムな数は，コンピュータシミュレーションにはもちろんのこと，例えばゲームのキャラクターやアイテムなどの選択生成などにも使われます（文献 [勝田]）。古典コンピュータでは，疑似乱数生成アルゴリズムなどがあります。疑似乱数では，種を同じ値にセットすると同じ一連の乱数が得られます。しかしながら，真の乱数を生成するアルゴリズムが切望されていて，量子コンピュータは原理的な意味でそれを提供できます。

5.2.3　2量子ゲート

　2個の量子ビットによる演算である2量子ゲートはいくつも定義できますが，ここではそのうちの，制御 Z（CZ）ゲートと制御 NOT（$CNOT$）ゲート（制御 X ゲート，CX ゲート）を紹介します。CZ ゲートや $CNOT$ ゲートでは2個の量子ビットを用意して，一方を**制御**（control）ビット，もう一方を**標的**（target）ビットとします。制御ビットが1のときだけ，標的ビットに Z や NOT 演算を行います。

制御 Z（CZ）ゲート

　制御 Z ゲートでは，制御ビット（1番目のビット）と標的ビット（2番目のビット）がともに1のとき，すなわち，$|11\rangle$ のときだけ，状態の符号を反転します。式で書くと

$$CZ|00\rangle = |00\rangle, \quad CZ|01\rangle = |01\rangle, \quad CZ|10\rangle = |10\rangle,$$
$$CZ|11\rangle = -|11\rangle \tag{5.6}$$

となります。CZ ゲートの量子回路図は，**図5.5**（a）のように描けます。ここで，点（赤丸）は，状態が1のときに動作することを表します。白丸の場合は，状態が0のときに動作します（本書では用いません）。

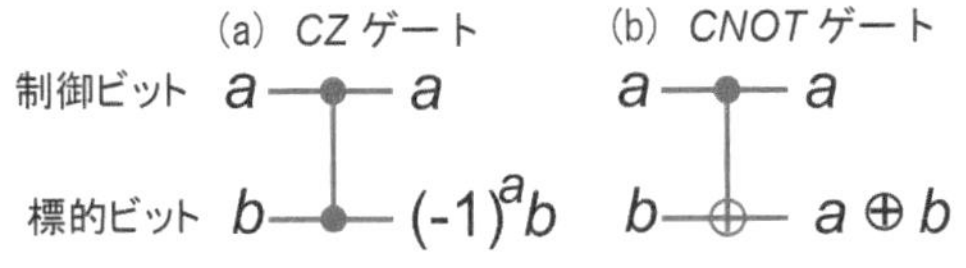

図5.5　(a)：CZ ゲートと (b)：$CNOT$ ゲートの量子回路図

問題 5.3　CZ ゲートの量子回路図

　図5.5（a）において，制御量子ビットと標的量子ビットの両方が点になっていて，制御と標的の区別がありません。それで問題が無い理由を述べなさい。

♡

制御 NOT（CNOT）ゲート

同様に，制御 NOT ゲートでは，制御ビットが 1 のときだけ標的ビットを反転させます。すなわち，

$$CNOT|00\rangle = |00\rangle, \quad CNOT|01\rangle = |01\rangle,$$
$$CNOT|10\rangle = |11\rangle, \quad CNOT|11\rangle = |10\rangle \tag{5.7}$$

となります。$CNOT$ ゲートの量子回路図は図 5.5（b）のように描けます。ここで，$\oplus$ の記号は XOR（表 5.2 参照）を表します。

問題 5.4 $CNOT$ ゲートが図 5.5（b）のように描ける理由

$CNOT$ ゲートが図 5.5（b）のように XOR で描けることを示しなさい。

♡

制御 NOT ゲートともつれ合い状態

例題 5.1 $CNOT$ ゲートともつれ合い状態

制御ビットが $H|0\rangle$，標的ビットが $|0\rangle$ の状態に $CNOT$ ゲートを通すと，もつれ合い状態が生成されることを示しなさい。

解答例 $H|0\rangle \equiv |+\rangle = \frac{1}{\sqrt{2}}(|0\rangle + |1\rangle)$ ですから，標的ビットの $|0\rangle$ も考慮に入れて $CNOT$ ゲートを通すと

$$CNOT\left(\frac{1}{\sqrt{2}}(|0\rangle + |1\rangle) \otimes |0\rangle\right) = \frac{1}{\sqrt{2}}CNOT(|00\rangle + |10\rangle)$$
$$= \frac{1}{\sqrt{2}}(|00\rangle + |11\rangle) \tag{5.8}$$

が得られます。ここで $\otimes$ は直積の記号で，2 つの量子ビットがもつれ合っていないときの状態を表します（付録 A.2.1 節参照）。(5.8) の右辺の状態は，もつれ合い状態（EPR 相関状態，ベル状態）です。すなわちこの状態は，2 つの量子ビットの直積として表すことができないのです。 ◇

(5.8) の右辺の状態のどちらかの量子ビットを測定して，例えば 0 を観測したとすると，もう一方も 0 であることが決まります。測定結果が 1 のときは，

もう片方も 1 です。このように $CNOT$ ゲートを使うと，2 つの量子ビットのもつれ合い状態を作ることもできます。

もつれ合い状態を直積状態に戻すこともできます。そうするためには，もう一度 $CNOT$ ゲートに通せばよいのです。それは，$(CNOT)^2 = I$ だからです。

ベル状態

次のもつれ合い状態 4 つを，**ベル状態**と言います。（2 量子ビットにおいて，係数の大きさ（符号を除く数値）が等しく，ともに $\frac{1}{\sqrt{2}}$ の場合です。）

$$\frac{1}{\sqrt{2}}(|00\rangle \pm |11\rangle), \quad \frac{1}{\sqrt{2}}(|01\rangle \pm |10\rangle) \tag{5.9}$$

状態全体としての位相は任意なので，第 1 項の係数を正と定義しています。

問題 5.5 **状態全体としての位相が任意である理由**

状態全体としての位相を任意に選べる理由を説明しなさい。　　　♡

万能量子ゲート

量子コンピュータでは，1 量子回転ゲートと $CNOT$ ゲートが万能ゲートとなります。すなわち，たかだか 2 個の量子ビットを操作するだけで全ゲートが作製できるので，技術的にありがたい事実と言えます。もちろん，より多くの量子ビットを同時に演算できる方が，より少ない演算回数で済みます。

5.2.4 3 量子ゲート

3 個の量子ビットを用いる演算もたくさん定義できますが，ここではトフォリ（Toffoli）ゲート（$CCNOT$ ゲート）を紹介します。

トフォリゲート

$CNOT$ ゲートにもう 1 つ制御ビットを加えたものがトフォリゲート（$CCNOT$ ゲート）で，3 量子ゲートの 1 つです。トフォリゲートでは，2 つの制御ビットが両方とも 1 のときだけ標的ビットを反転させます。数式で書

くと次のようになります。

$$CCNOT|000\rangle = |000\rangle, \quad CCNOT|001\rangle = |001\rangle, \quad CCNOT|010\rangle = |010\rangle,$$

$$CCNOT|011\rangle = |011\rangle, \quad CCNOT|100\rangle = |100\rangle, \quad CCNOT|101\rangle = |101\rangle,$$

$$CCNOT|110\rangle = |111\rangle, \quad CCNOT|111\rangle = |110\rangle \tag{5.10}$$

トフォリゲートの量子回路図は**図** 5.6 のように描けます。

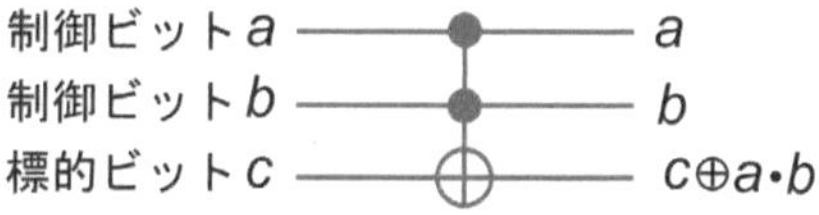

制御ビット a ——————●—————— a
制御ビット b ——————●—————— b
標的ビット c ——————⊕—————— $c \oplus a \cdot b$

図 5.6　トフォリゲートの量子回路図

5.2.5　可逆ゲート

　図 5.3〜図 5.6 を見て分かるように，量子ゲートの前後で量子ビットの数は変わりません。すなわち，可逆です（回路を逆向き，つまり，右から左へたどることができます）。そのため，原理的には量子ゲートではエネルギーが消費されません[※3]。一方，古典ゲートでは，$AND, NAND, OR, NOR,$ XOR は，2 ビットの入力に対し，出力が 1 ビットとなります（図5.2）。すなわち，可逆でなく，情報が失われてエネルギーも消費されます。ここにも量子ゲートと古典ゲートとの違いがあります。ただし，古典ビットでも，余計な配線を加えることなどによって，可逆にすることができます。

5.2.6　足し算量子回路

　量子ゲート方式コンピュータでは，通常の四則演算ももちろんできます。

[※3]　可逆でないと情報が失われたことになり，1 ゲート当たり少なくとも $k_B T$ の熱が発生して，その分だけエネルギーが消費されます。ここで，$k_B \equiv 1.380649 \times 10^{-23}$ J/K はボルツマン定数であり，2019 年 5 月に定義値として定められました。また，T [K] は絶対温度です。ここで J はエネルギーの単位で，1 J＝1 W・s です。すなわち通常の場合，エネルギー消費量は，常温でも無視できるほど小さいことが分かります。ただし，「チリも積もれば山となる」ですが。

次の例題で足し算量子回路を作製してみましょう。

例題 5.2　足し算の量子回路と古典ゲート回路
　2個のビットを足し算する量子回路と古典ゲート回路を描きなさい。

　解答例　　**図** 5.7 の通りです。量子計算ではトフォリゲートで繰り上がりを
考慮しています。　　　　　　　　　　　　　　　　　　　　　　　　◇

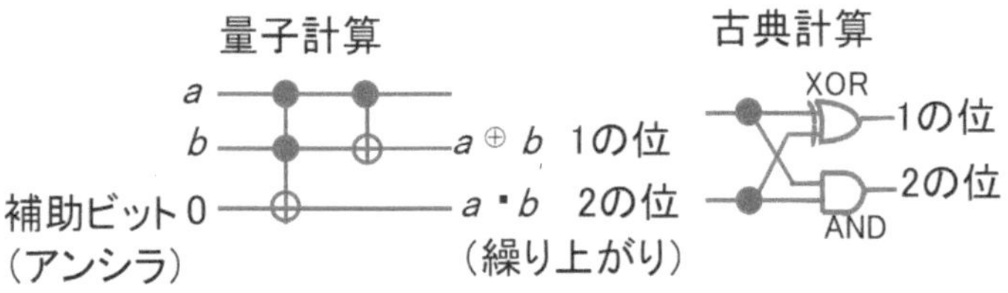

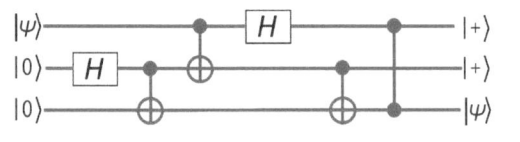

図 5.7　足し算の量子回路と古典回路

5.2.7　量子テレポーテーション量子回路

　ここで，量子テレポーテーション量子回路を紹介します。この回路は，**図**
5.8 のように H, CZ, $CNOT$ ゲートの組み合わせで実現できます。

$|\psi\rangle$ ─── ─── H ─── ─── $|+\rangle$
$|0\rangle$ ── H ── ──⊕── ─── $|+\rangle$
$|0\rangle$ ─── ──⊕── ─── ──⊕── $|\psi\rangle$

図 5.8　量子テレポーテーションの量子回路図

　量子テレポーテーションでは，量子複製不可能定理（5.6.1 節，付録 A.2.3
節参照）の存在にもかかわらず，重ね合わせ状態を別の量子ビットに移して
送信することができるのです。量子複製不可能定理は，「重ね合わせ状態のコ
ピーを作ることは不可能である」という定理です。すなわち，重ね合わせ状
態を残したまま，別の複製を作ることはできません。そこで，量子テレポー

テーション量子回路では，「その状態自身は壊すものの，別のビットにその状態を移して送信することはできる」というわけです。

例題 5.3 量子テレポーテーションの必要理由

わざわざ，元の量子ビットの状態を壊して別の量子ビットに移さなくても，元の量子ビットをそのまま送信すればよいと思うのに，なぜ量子テレポーテーション量子回路が必要なのですか。

解答例 それは，量子ビットの状態を実際に送信するためです。光量子ビット以外の量子ビットは，ほぼ静止しています。その状態を送信するためには，ほぼ光速で移動する光子などにその状態を移す必要があります。量子複製不可能定理によって，単にコピーすることはできないので，量子テレポーテーション量子回路が必要になります。　　　　　　　　　　　　◇

図 5.8 は，重ね合わせ状態 $|\psi\rangle \equiv \alpha|0\rangle + \beta|1\rangle$ を送信する量子テレポーテーションの量子回路図です（数式での説明は付録 A.2.4 節参照）。量子コンピュータでは，量子テレポーテーションを用いて，量子データをメモリに書き込んでおくことなどができます。

実際に重ね合わせ状態 $|\psi\rangle$（第 1 量子ビットの状態）を送信するためには，図 5.8 で最初の H と $CNOT$ ゲートの後，第 2 量子ビットと第 3 量子ビットがもつれ合い状態（EPR 相関状態，ベル状態，例題 5.1 参照）の光子対である必要があります。図 5.8 の量子回路の結果，受信側には，第 3 量子ビットが重ね合わせ状態 $|\psi\rangle$ として届きます。

5.3 量子ビットの操作

量子ビットをどのように操作して，初期化，演算，読み出しを行うのでしょうか。操作方法は，用いている量子ビットの種類によって異なり，研究者・技術者たちはそれぞれ工夫を凝らして実現しています。ここでは典型的な例について紹介します。

5.3.1　電磁波によるエネルギーレベル間の遷移

　量子ビットの操作によく使われる方法は，電磁波（光）の照射です。量子ビットは，通常 2 つのエネルギーレベルを持ち，基底状態を $|0\rangle$，準安定励起状態を $|1\rangle$ としています。量子ビット操作には，それ以外の励起状態も用いられます。

　ここではより一般的に，任意の 2 つのエネルギーレベル E_a（状態 $|a\rangle$）と E_b（状態 $|b\rangle$）を考えます。この 2 つのレベル間のエネルギー差を，$\Delta E = E_b - E_a > 0$ とします。エネルギー ΔE の電磁波（光子）を照射すると，2 つのレベル間の遷移が起きます（電磁波のエネルギーと振動数の関係については (1.3) を参照）。

　その遷移確率は，電磁波の強度と照射時間によって変わります（**ラビ (Rabi) 振動**，付録 A.1.4 節参照）。初期状態が $|a\rangle$ のときに電磁波を時間 t だけ照射すると，励起状態 $|b\rangle$ へ遷移する確率 $P_{a\to b}$ は

$$P_{a\to b} = \sin^2\left(\frac{\Omega t}{2}\right) \tag{5.11}$$

で与えられます（**図 5.9**）。ここで Ω は**ラビ振動数**であり，その値は電磁波の強さなどによって決まります。

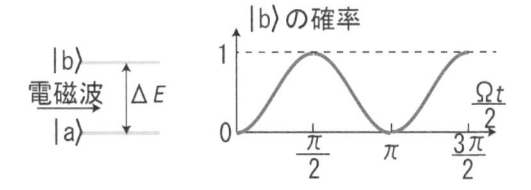

図 5.9　電磁波の照射時間と遷移確率

　電磁波を $\Omega t = \pi$ となる時間だけ照射する（**π パルス**という）と，$|a\rangle$ の状態は $|b\rangle$ に 100% 遷移します。逆に，$|b\rangle$ の状態は $|a\rangle$ に 100% 遷移します。

5.3.2　電磁波による量子ビット操作

　電磁波照射による量子ビットの操作は，どのようになされるのでしょうか。

ここでは，2 つのエネルギーレベルを量子ビットの $|0\rangle$ と $|1\rangle$ とします。

ビット反転（X ゲート）

状態 $|0\rangle$ に π パルスを照射すると状態 $|1\rangle$ に，状態 $|1\rangle$ に π パルスを照射すると状態 $|0\rangle$ になります。これはビット反転，すなわち X ゲートに対応します。

位相反転（Z ゲート）

状態 $|1\rangle$ に **2π パルス**を照射すると状態 $|1\rangle$ に戻りますが，その確率振幅の符号（位相）が反転します。これは位相反転，すなわち Z ゲートに対応します。

アダマールゲート（H ゲート）

状態 $|0\rangle$ または $|1\rangle$ に $\frac{\pi}{2}$ パルスを照射すると，(5.4) のように $|0\rangle$ と $|1\rangle$ の重ね合わせ状態になります。すなわち，アダマール（Hadamard）ゲート（H ゲート）が実現できることが分かります。

量子ビットの初期化と読み出し

量子ビットの**初期化**は，次のように**光ポンピング**で行います。$|1\rangle$ の状態にある量子ビットに電磁波（レーザーなど）を照射して，さらに上の励起状態 $|a\rangle$ に励起します。すると，電磁波を放出して，ほぼ 1 の確率で $|0\rangle$ に遷移します（**図** 5.10 (a)）。これを数回繰り返すことにより，$|0\rangle$ に初期化できます。

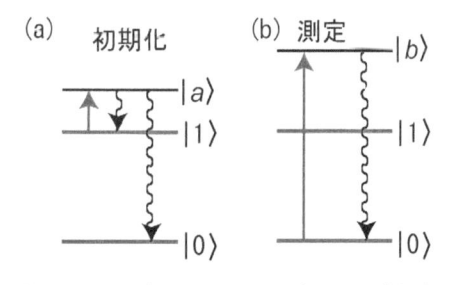

図 5.10　量子ビットの初期化と読み出し（測定）

量子ビットの**読み出し**は，$E_b - E_0$（励起状態 $|b\rangle$ と基底状態 $|0\rangle$ のエネルギー差）の電磁波を入射して行われます。もし状態が $|0\rangle$ であれば，入射光と同じエネルギーの電磁波（光子）が放出されます。そのような電磁波が観測されれば，状態は $|0\rangle$ であったことが分かります。もし測定されない場合は，$|1\rangle$ の状態と判定します（図 5.10（b））。

制御 Z（CZ）ゲート

制御 Z（CZ）ゲートや制御 NOT（$CNOT$）ゲートの実現には，2 個の量子ビットを関連付けて操作する必要があります。CZ ゲートが実現すれば，$CNOT$ ゲートは，CZ ゲートの前と後にアダマールゲートを通すことによって実現できます。まず，CZ ゲートがどのように実現できるかを見ることにしましょう。

ここでは捕捉イオンでの例を述べます（文献 [早坂]）。（少し説明が込み入っているので，この部分をスキップしても構いません。）

捕捉イオンでは，個々のイオンそれぞれに，または，イオンの集団全体にレーザー照射をすることができます。イオンは 1 列に並び，電磁波の照射により，重心の周りに集団振動をさせることができます。この振動はフォノン（音響子）として量子化され，狭い等間隔のエネルギーレベルができます（サイドバンドと呼ばれます）。そのエネルギーレベルの間隔を，$E_{\text{フォノン}}$ とします。このサイドバンドを用いて，2 個の量子ビットの関連付けを行うことができます。

個々のイオンの任意の状態 $|a\rangle$ における $nE_{\text{フォノン}}$ のエネルギー状態を $|a_n\rangle$ と書くことにします。また，状態 $|a_n\rangle$ のエネルギーレベルを E_{a_n} と表記します。つまり，$E_{a_n} = E_{a_0} + nE_{\text{フォノン}}$ となります。同じフォノンレベルを持つ 2 個のイオンを操作することにより，CZ ゲートが実現できるのです。

まず，各イオンを $n = 0$ の状態に初期化します。そのために，「サイドバンド冷却」を行います。いま，全イオンが $nE_{\text{フォノン}}$ のエネルギーレベルにあるとします。その状態にエネルギー $E_{a_{n-1}} - E_{0_n}$ のレーザーを入射します。すると，$|0_n\rangle$ は $|a_{n-1}\rangle$ に励起され，電磁波を放出して $|0_{n-1}\rangle$ の状態に落ちます。これを繰り返すと，$|0_0\rangle$ に落ち着いて，初期化されたことになります。

CZ の操作のために，次の 3 操作を行います。

（a）制御量子ビットとなるイオンに，エネルギー $E_{1_0} - E_{0_1}$ の π パルスを入射します（**図** 5.11 （a））。

（b）標的量子ビットとなるイオンに，エネルギー $E_{a_0} - E_{0_1}$ の 2π パルスを入射します（**図** 5.11 （b））。

（c）制御量子ビットとなるイオンに，エネルギー $E_{1_0} - E_{0_1}$ の π パルスを入射します（**図** 5.11 （c））。

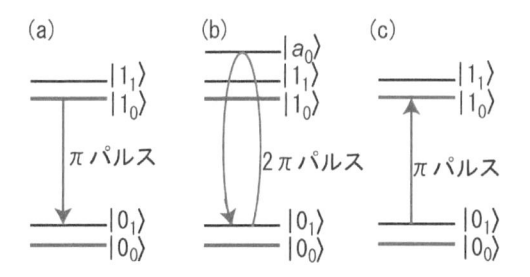

図 5.11　捕捉イオンでの制御 Z （CZ）ゲート。(a) と (c) は制御ビットに，(b) は標的ビットに照射します。

これらの操作により，量子ビットの状態は**表** 5.3 のように変化します。

表 5.3　CZ の操作

始めの状態	(a) の π パルス後	(b) の 2π パルス後	最終状態
$\lvert 0_0 0_0 \rangle$	変化無し	変化無し	変化無し
$\lvert 0_0 1_0 \rangle$	変化無し	変化無し	変化無し
$\lvert 1_0 0_0 \rangle$	$-i\lvert 0_1 0_1 \rangle$	$i\lvert 0_1 0_1 \rangle$	$\lvert 1_0 0_0 \rangle$
$\lvert 1_0 1_0 \rangle$	$-i\lvert 0_1 1_1 \rangle$	$-i\lvert 0_1 1_1 \rangle$	$-\lvert 1_0 1_0 \rangle$
被照射量子ビット	制御ビット	標的ビット	制御ビット
レベル遷移	$E_{1_0} \to E_{0_1}$	$E_{0_1} \to E_{a_0} \to E_{0_1}$	$E_{0_1} \to E_{1_0}$

この一連の操作の結果，$\lvert 1_0 1_0 \rangle$ が $-\lvert 1_0 1_0 \rangle$ に変わっただけで，残りの状態は同じになります。すなわち，CZ 操作ができたことになります。

制御 *NOT*（*CNOT*）ゲート

CZ ゲートを *CNOT* ゲートにするためには，まず標的ビットをアダマールゲートに通してから *CZ* ゲートに通します。最後にもう一度標的ビットをアダマールゲートに通すと，*CNOT* ゲートに通したことになります。

問題 5.6 *CZ* ゲートを *CNOT* ゲートに変換

上記の操作で，*CNOT* ゲートが実現していることを確かめなさい。 ♡

5.3.3 電磁波以外による量子ビット操作の例

電磁波以外での量子ビット操作には，どんなものがあるのでしょうか。ここでは 4.2.5 節で述べた量子ドット（電子スピン）の場合について紹介します（文献 [川上]）。量子ドットでの電子スピンを利用する量子ビットの場合は 1 T 程度の磁場の印加により，ゼーマン効果によって，通常と異なって，$|0\rangle$ はスピン下向きで基底状態，$|1\rangle$ はスピン上向きで励起状態になっています。

量子ビットの初期化

量子ビットを $|0\rangle$ の状態に**初期化**するためには，基本的には十分な時間だけ待てばよいのです。励起レベルにある状態 $|1\rangle$ が $|0\rangle$ に戻るからです。しかし，単に待つだけの方法は時間がかかります。そこで貯蔵電極（電子池）の電圧を調節し，そのエネルギーレベルが $|0\rangle$ と $|1\rangle$ の間に来るようにして（**図5.12**）100 μs 待ちます。

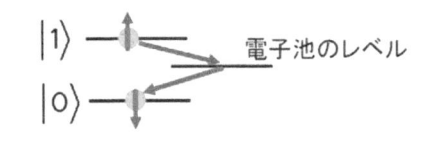

図 5.12 量子ドット（電子スピン）の量子ビット初期化

量子ビットの電子のスピンが上向きの場合（$|1\rangle$ の状態にいる場合），電子は貯蔵電極に移って空になります。すると，下向きスピンの電子が 100 μs の間に電子池から $|0\rangle$（基底状態）に入ります。

　量子ビットの電子のスピンが下向きの場合は何も起こらず，$|0\rangle$ の状態のまます。すなわち，200 μs 以内で $|0\rangle$ に初期化ができたことになります。

量子ビットの読み出し

　図 5.12 の状態に貯蔵電極を持って来たとき，上向きのスピンの電子が状態 $|1\rangle$ から電子池へ移動して 0.5 $\overset{\text{ナノアンペア}}{\text{nA}}$ の電流が流れれば $|1\rangle$ の状態，流れなければ $|0\rangle$ の状態であったと判断します。

5.4 いろいろなアルゴリズムとその量子回路図の例

　標準的な量子回路計算モデルでのゲート型量子コンピュータでは，必要なゲート操作を行った後，測定して答えを得ます。量子回路の説明には数式が必要なので，より詳しくは付録 B を参照していただくことにして，この節では量子回路図の簡単な紹介にとどめます。

5.4.1　IBM クラウドサービスの量子回路図（5 量子ビット）

　図 5.13 は，IBM クラウドサービス（Q experience，2016 年は 5 量子ビット，2017 年 5 月からは 16 量子ビット）の例で，2 量子ビットでのグローバーの探索アルゴリズム（解が $|01\rangle$ の場合）です。量子ビットが 5 個なので 5 本の線が横に描かれ，ちょうど音楽の五線譜のようです。それで「しゃれ」で

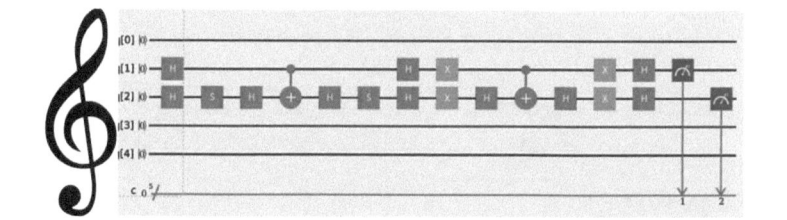

図 5.13　IBM クラウドサービス（Q experience，5 量子ビット）の量子回路図の例
出典：https://www.ibm.com/downloads/cas/VWBOP7XP

ト音記号をつけました。5 本の線の下にある線は読み出し用の線です。

ユーザー・インターフェースは Composer（作曲家）と名付けられ，ユーザーはインターネットを通じて量子回路設計・計算を無料体験できました。Composer という名前は，ゲートを入れて行くのがちょうど音符などを五線譜に書き入れるのに対応していることからの命名です。

5.4.2 ドイチュのコイン真偽判定量子回路図

1985 年にドイチュは，量子コンピュータではたった 1 回でコインの真偽を判定できることを示しました。真のコインは表と裏が異なりますが，偽のコインは表と裏とが同じであるとします。問題を数学的に扱うために，オラクル（神託）関数 $f(x)$ を定義します。$f(x)$ において $x = 0$ を表，$x = 1$ を裏（またはその逆）とすると，真のコインでは $f(0) \neq f(1)$，偽のコインでは $f(0) = f(1)$ が成り立ちます。古典的には，真偽を判定するために，$f(0)$ と $f(1)$ をそれぞれ 1 回ずつ，合計 2 回計算する必要があります。

図 5.14 にその量子回路図を示します。量子ビットをアダマールゲートにより $|0\rangle$ と $|1\rangle$ の重ね合わせ状態にでき，図 5.14 で $f(x)$ をたった 1 回計算する（U_f ゲートを通す）だけで，表と裏の両方の値が得られるのです（付録 B.1 節参照）。ドイチュのアルゴリズムは実際上に役立つものではありませんが，量子コンピュータ演算の本質を明らかにすることに寄与しました。

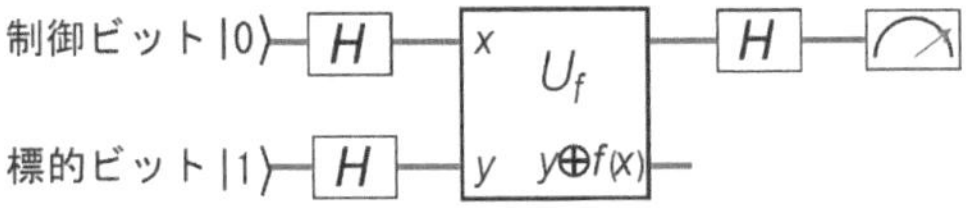

図 5.14　ドイチュ問題の量子回路図

5.4.3 グローバーの量子探索の量子回路図

図 5.15 は，グローバーの量子探索の量子回路図です。N 個のデータを探索するため，n 量子ビット（$2^n \geq N$）を用意します。状態 $|p\rangle$ がオラクル関数 (3.1) で同定される目的のデータとし，U_p が $|p\rangle$ の確率振幅の符号だけを反転させる演算子，D が確率振幅の平均値の周りの反転演算子とします。

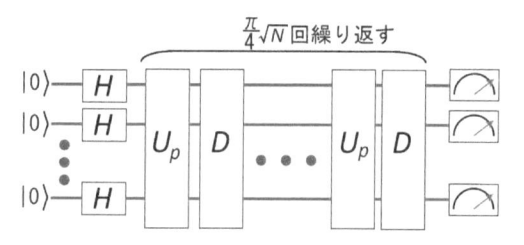

図 5.15　グローバーの量子探索の量子回路図

U_p と D の積を $\frac{\pi}{4}\sqrt{N}$ 回だけ繰り返した後，量子ビットを測定すると，状態 $|p\rangle$ のビット列が確率 1 で得られます（数式による説明については付録 B.3 節参照）。

5.4.4　ショアの素因数分解の量子回路図

図 5.16 は，ショアの素因数分解の量子回路図です（数式による説明は付録 B.4 節参照）。（図 5.16 で，量子ビットの横線に斜めの線と n とあるのは，n 量子ビットであることを表しています。）IBM のグループは，NMR（核磁気共鳴）により，図 4.7 の分子（7 量子ビット）を用いて 15 の素因数分解を行ってみせました。

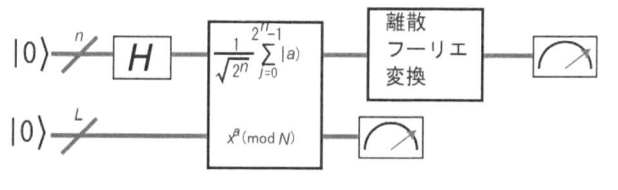

図 5.16　ショアの素因数分解の量子回路図

5.5　量子プログラミング言語

プログラミング言語は，コンピュータに目的の計算を実行させるための手続きの言語です。プログラム（ソフトウェア）が無ければ，コンピュータは無

用の長物に過ぎません。現在のところ，量子プログラミング言語は量子コンピュータの振る舞いを理解しようとしている研究者用であり，プログラマー用としては未開発です。

現在の量子コンピュータを操る言語として，Python がよく使われているようです。Python は AI の機械学習などでもよく使われています。現時点では分かりやすい言語を用いて，「習うより慣れろ」がよいかもしれません[※4]。

この節では，量子プログラミング言語の概要をまとめます（文献 [蓮尾，イン]）。

5.5.1　量子プログラミング言語の種類

まず量子プログラミング言語の分類から始めましょう。観点によって分類の仕方が異なります。

形式による大別

古典コンピュータ，量子コンピュータにかかわらず，プログラミング言語は命令型と関数型とに大別することができます。

命令型は，逐次的に命令を連ねていく構文です。古典プログラミング言語では，FORTRAN (formula translation)，C（ベル研究所で開発された B 言語を改良したので，C 言語と命名），Pascal (Blaise Pascal にちなんで命名)，COBOL (COmmon Business Oriented Language) などが命令型にあたります。量子プログラミング言語としては，QCL (Quantum Computation Language) や LanQ などがあります。

一方，関数型では，データに何らかの処理を施す（データを引数とする関数を施した結果を，新たなデータとする）ことを繰り返します。古典プログラミング言語では ML (Meta Language) や Haskell (Haskell B. Curry に由来) があります。量子プログラミング言語としては，セリンガー (Peter Selinger) が定義した QFC (Quantum FlowChart) や QPL (Quantum Programming Language) などがあります。

※4　例えば，文献 [ジョンストン]，https://oreilly-qc.github.io にオンライン量子計算シミュレータ QCEngine を無料で公開中。

4 種類（量子回路型，測定型，断熱型，トポロジカル）の汎用量子計算モデル（5.1 節）に応じて，特有の量子プログラミング言語を開発する必要が生じると思われます。

量子プログラミング言語を，低級レベルと高級レベルとに分けることができます。**量子高級プログラミング言語**では，量子計算の実現方法（量子ビットの種類など）に依存しない形でアルゴリズムを記述します。**量子低級プログラミング言語**では，それ以外の基礎レベルの演算を行います。

例えば，物理量子ビットを駆使して誤り訂正をすることなどが，低級レベルで行うことです。量子ビットの再利用最適化などは，コンパイラーが自動的に行うものとします。量子コンピュータを開発するエンジニアは，量子低級プログラミング言語を開発し，使いこなす必要があります。

また，プロのプログラマーにとって，量子高級プログラミング言語の開発はもちろん，ライブラリやデバッガー（debugger）の開発・整備も重要な任務となります。ライブラリは，ユーザーが便利に使えるいろいろな計算プログラムの集まりです。また，デバッガーは，ユーザーが書いたプログラムのバグを探すためのプログラムです。量子コンピュータでは，計算途中の状態を測定しても，各ビットの係数（確率振幅）は観測できず，しかも量子ビットを壊してしまいます。そのため，デバッガーの開発には巧妙なアイデアが必要です。

一方，量子コンピュータを利用しようとする一般ユーザーは，量子高級プログラミング言語を使いこなせれば十分なはずです。

5.5.2　量子高級プログラミング言語

量子高級プログラミング言語を低級と切り離して考える最大のメリットは，**プログラム意味論**によってアルゴリズムの仕様を数学的に検証できることです。プログラム意味論は，プログラミング言語の意味と計算モデルについて研究する，理論計算機科学の 1 分野です。**仕様検証**とは，アルゴリズムと仕

様を入力してプログラムが仕様を満たしていることを数学的に証明すること
です。

　量子ゲート方式コンピュータは，量子的性質を使わない古典的な計算も当
然行えるので，現在使われている古典高級プログラミング言語で古典計算は
できるはずです。（ただし，量子コンピュータが実用化された当初は，古典を
はるかに凌駕する計算のみに集中して，古典コンピュータでも計算可能な通
常の古典計算のための装置を実装する余裕はないと思われます。）量子的性質
を利用したい場合に限り，量子ビット特有の性質を利用できるように言語を
拡張すればよいのです。

　量子ビット特有の重要な性質の1つに，重ね合わせ状態があります。重ね
合わせ状態の量子データの制御方式について，量子高級プログラミング言語
は，古典制御方式と量子制御方式の2つに大別できます。

古典制御方式

　古典制御方式は，量子データを，データ重ね合わせパラダイムのもとに，古
典的に制御する方法です。ここでは，プログラムのカウンタが量子的に重なる
ことはありません。例として QRAM（Quantum Random Access Machine）
モデル[5] が作られています。

量子制御方式

　量子制御方式は，量子データを，プログラム重ね合わせパラダイムのもと
に，量子的に制御する方法です。ここでは，プログラムカウンタを量子的に重
ねることができます。量子制御方式の開発はまだ未熟ですが，開発されれば，
量子計算の威力を最大限発揮できる方式です。QuGCL（Quantum Guarded
Command Language）が作成されています。

※5　Quantum Random Access Memory を活用するプログラム言語。

5.6 量子誤り訂正

古典的誤り訂正技術は確立していて，例えば CD（Compact Disk）や DVD（Digital Versatile Disk）に多少のごみが付着していても，音楽が飛んだり画像がゆがんだりすることはありません。

誤り訂正技術の原理は冗長性です。例えば，状態 0 の代わりに 000 とし，それが 100 に変わったとすると，多数決によって，0 に訂正することができます。この方法は，誤り発生率がそれほど高くないときに有効です。誤り発生率がもっと高い場合は，冗長性を増やす必要があります。

5.6.1 量子複製不可能定理

誤り訂正は，量子コンピュータでは不可能と思われていました。なぜなら，量子ビットでは状態 $|0\rangle$ と $|1\rangle$ の重ね合わせ状態が重要なのに，測定するとその状態が壊れてしまうし，量子複製不可能定理によってコピーすることもできないからです（付録 A.2.3 節参照）。そのため，「量子コンピュータでは誤り訂正はできず，実用化はできない」と思われていたのです。

5.6.2 ショアの量子誤り訂正量子回路

ところが，1995 年にショアは，$|0\rangle$ と $|1\rangle$ の任意の重ね合わせ状態に起こりうる誤りも訂正可能であることを示しました。**図** 5.17 がその量子回路図です。8 個の補助量子ビット（ancilla）を用いて，途中で起こりうる 1 ビットまでの誤りを訂正できます。図 5.17 の量子回路では，補助ビットとのもつれ合い状態を作り，ビット反転か位相反転，またはその両方が起こったときに訂正できるようにしています。

図 5.17 ではまず最初に，重ね合わせ状態 $|\psi\rangle = \alpha|0\rangle + \beta|1\rangle$ を，2 つの補助ビットを用いて $\alpha|000\rangle + \beta|111\rangle$ というもつれ合い状態を作ります。この量子回路では，このように，もつれ合い状態をうまく使って量子ビット 1 個の誤りを訂正しているのです。

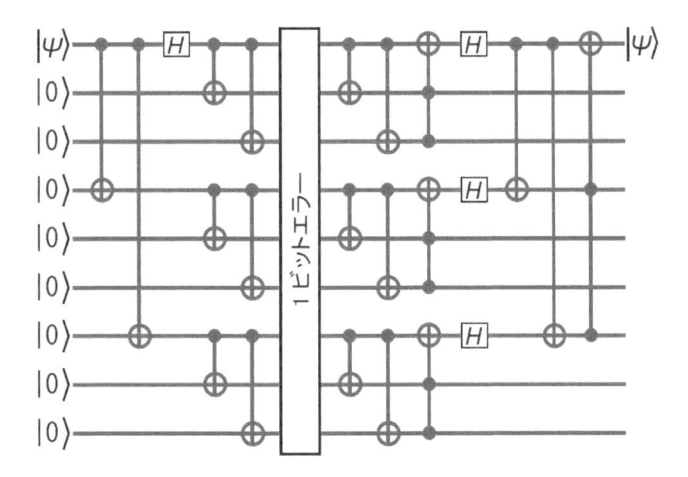

図 5.17 ショアの量子誤り訂正の量子回路図

（ここでは，誤り訂正が可能であることだけ受け入れて先に進んでください。）

例題 5.4 ショアの量子誤り訂正について

　ショアの量子誤り訂正では，ビット反転か位相反転，またはその両方が起こったときだけ訂正しているとのことです。しかしながら，一般にアナログ量である $|0\rangle$ と $|1\rangle$ の任意の重ね合わせ状態において，それぞれの係数が少しずれたときの訂正もできないと，訂正の意味が無いのではないでしょうか。

解答例　　大変もっともなご指摘です。ところが，ビット反転か位相反転，またはその両方の訂正だけで，ご指摘の係数のずれが訂正できてしまうのです。それは「波動関数の収縮」によって起こります。そこが量子力学の不思議なところであり，素晴らしいところなのです（例題 A.1 参照）。　　　　◇

5.6.3 誤り耐性量子計算

　量子ゲート方式コンピュータでは，誤り耐性量子計算（error-tolerant quantum computing）は将来必ず実現したい課題です（文献 [ニールセン] など）。

しきい値定理

しきい値定理の発見は，誤り率低減努力への目標値を与えました。しきい値定理は，「量子ゲートなどで発生する誤り率がしきい値より小さければ，効率よく（多項式時間内で）誤り訂正ができ，任意の精度での計算（誤り耐性量子計算）が可能である」ことを保証します。

しきい値は，しきい値定理証明当初には実現困難なほど小さい値（10^{-4}〜10^{-6}）でしたが，理論の改善で1％レベルまで許されることになり，誤り耐性量子計算の実現性が現実のものになって来ているのです。

誤り耐性量子計算の概要

量子ビットやゲートはノイズに弱いため，誤り訂正は量子ゲート方式コンピュータ完成に必須の技術です。誤り耐性量子計算とは，論理量子ビット（4.1.4 節参照）と論理演算を，誤り訂正を行いつつ計算することです。すなわち，誤り訂正符号（コード）を用い，検査量子ビットを観測することによって誤り（syndrome）を検出し，誤りを訂正しつつ演算して行きます。

誤り訂正符号

誤り訂正符号としてスタビライザー符号があり，CSS（Calderbank-Shor-Steane）符号，トポロジカル符号，表面符号などはその 1 種と言えます（付録 A.5 節参照）。

ファームウェア

ファームウェア（firmware）は，量子ビットの操作などを高度化して，誤り率を 1 桁減らすことなどに貢献します。ファームウェアの firm は固いという意味で，hardware と software の間に位置します。すなわち，システム制御のために，マイクロプロセッサ（micro processor）や ROM（read-only memory）にあらかじめ書き込まれたソフトウェアです。ほとんど書き換えられることが無いので，firmware と呼ばれます。また FPGA（Field Programmable Gate Array）なども広義のファームウェアです。

表 5.4 は，ある計算（シミュレーション）に必要な物理量子ビット数と物理量子ビットの誤り率の例です（文献 [グランブリング]，表 3.1）。ここでの数値は，必要論理量子ビット数が 111 個の場合で，2017 年現在での推定です。

表 5.4　物理量子ビットの誤り率と必要物理量子ビット数の例（文献 [グランブリング]）

物理量子ビットの誤り率	10^{-3}	10^{-6}	10^{-9}
物理量子ビット数/論理量子ビット数	15,313	1,103	313
平面符号誤り訂正用物理量子ビット数	1.7×10^6	1.1×10^5	3.5×10^4
論理演算誤り訂正用物理量子ビット数	1.8×10^8	1.3×10^6	2.3×10^5

表 5.4 にあるように，物理量子ビットの誤り率が現在何とか実現可能な 0.1％のままだとすると，1 億個を超える物理量子ビットが必要になることが分かります。もし，必要物理量子ビット数を何桁も減らすことができれば，誤り耐性量子コンピュータの実現もずっと早くなることでしょう。

誤り訂正の技術的，理論的改善努力が日夜続けられていて，すでにいくつも改善案が提案されています。必要な物理量子ビットの数は，大幅に改善されるものと期待されています。

コラム ❺　スーパーコンピュータの進展

日本は，スパコンの分野で世界のトップレベルを走っています。理化学研究所に設置されたスパコン「京」は，1.15京（1.15×10^{16}）FLOPS（FLoating-point Operations Per Second）を達成し，2011 年 6 月と 11 月に TOP500 で世界第 1 位となりました。（TOP500 は，毎年 6 月と 11 月に世界のスパコン高速性能で 500 番までのランキングを決めています。TOP500 でのベンチマークは LINPACK で，大規模な連立 1 次方程式を解く問題です。）

京は 2019 年 8 月にその役割を終え，その後継機「富岳」は，試験運用中の 2020 年 6 月と 11 月に 41.6 京 FLOPS，そして本格運用後の 2021 年 6 月に 44.2 京 FLOPS を出し，3 期連続で TOP500 などの 5 部門

のうち 4 部門で世界第 1 位を独占しました。TOP500 の第 2 位米国の Summit に 3 倍の差をつけての堂々たる第 1 位でした。（富岳の理論演算性能は京の 50 倍にもかかわらず，消費電力は京の 3 倍に抑えられています。）

そもそもスパコンとは何でしょうか。「スパコンは，浮動小数点数を用いた計算において，同時代でずば抜けて高速な計算機」というのが一般的な定義のようです。「同時代で」が重要なキーワードで，世界でのスパコンの競争は激しく，1〜2 年経つと別のスパコンに世界第 1 位の座を譲り，10 年も経つと普通のコンピュータと同程度になってしまいます。

それでは，なぜスパコンが必要なのでしょうか。「世界で 2 番じゃダメなんでしょうか？」は，2009 年 11 月の「事業仕分け」での「京」開発予算を巡っての質問でした。総開発予算 1,120 億円の税金を使い，維持費も年間 100 億円以上かかるので，「まっとうな質問」だったと言えるでしょう。その質問に対しての回答が定性的，情緒的な答弁に終始したため，いったん見直しの提言となりましたが，科学界からの強い反発もあり，政治判断で復活しました。

後継機の富岳という名前には，京の経験と反省を元に「より高く，より裾野を広く」を目指しているという意味を込めての命名のようです。（直接的には，太宰治の短編小説や葛飾北斎の「富嶽百景」からの命名のようです。）富岳も，単なる性能競争から脱却して，省電力，アプリケーション性能，使い勝手の良さの 3 点を重視した実用的なスパコンとして設計されたとのことです。

京での反省とは，「京は高性能だが使いにくい」という評判があり，とくに産業界からの利用率が 5％程度と伸びなかったことです。その最大の理由は，プロセッサとして，産業界が使いにくい非主流派の SPARC（Scalable Processor ARChitecture）を採用したことにあります。そこで，富岳では，製造を請け負った富士通が，スマホなどでも活躍する主流派で省電力性が高い命令セットアーキテクチャ Arm ベースの A64FX を設計しました。

スパコンの存在意義を富岳で探ってみましょう。富岳で取り組むべき重点課題として，健康長寿社会の実現，防災・環境問題，エネルギー問題，産業競争力の強化，基礎科学の発展の5項目が挙げられています。スパコン富岳が社会の役に立っている1例として，コロナ対策が挙げられます。このコロナ禍に富岳が前倒しで運用され，いろいろな条件下での飛沫飛散の様子がシミュレートされて，マスク，フェースシールド，アクリル板の有効性などに知見を与えたり，コロナ治療薬の探索などが行われています。このような計算は，富岳規模のスパコンでしかできません。京で50〜100日かかった計算が1日でできてしまうのですから。

スパコンでは，たくさんのCPUやGPU（Graphics Processing Unit）などの演算素子が用いられます。富岳では，使いやすさを優先してGPUを用いないデザインを採用しました。CPUが最大384個入った箱（筐体）が432台つながっていて，CPUの数は合計158,976個となり，パソコン15万台余りが接続された計算機に相当します。これだけの数のCPUを効率的に稼働させるためには，相互のCPUやノードをつなぐネットワークにも高速性が要求されます。また，冷却や省エネに，数々の工夫がなされています。

実質的な世界初のスパコンは，1975年にクレイリサーチ社が製作したCray-1だと言われています[6]。達成した160 MFLOPSは，当時の計算機の1桁以上高速でした。

日本のスパコンで有名だったのは，2002年に運用を開始した「地球シミュレータ」です。35.86 TFLOPSの実効性能で2002年6月から5期連続でTOP500の第1位を占めました。これは「スパコン王国」アメリカにショックを与え，スプートニクショックをもじってコンピュートニクショックと称されました。すぐにアメリカ議会は当時のブッシュ大統領（息子）にスパコン分野への投資を進言して，アメリカは2004年11月には世界第1位を取り戻しました。

現在では，中国のスパコン開発も盛んで，米日中の競争が続いていま

---

[6] 1963年のCDC6600が最初のスパコンとする考えもあります。CDC（Control Data Corp.）で働いていたクレイ（Seymour R. Cray）が中心となって造った計算機で，10個のCPUを持ち，当時のコンピュータの10倍以上の性能だったと言います。

すが，米中貿易戦争のあおりを受けて米中の次期スパコン開発が遅れ，しばらくは富岳の独壇場が続きました。しかしついに 2022 年 5 月に 2 位に陥落し，アメリカのスパコン Frontier が富岳の 2.5 倍の速さで 1 位となっています。だからと言って富岳の価値がなくなったわけではありません。これからさらにいろいろな分野で広く活用され，性能を大いに発揮して成果を挙げていくことでしょう。(参考文献 [岩下，辛木，金田，小林])

第6章 量子アニーリング方式コンピュータ

量子アニーリング方式コンピュータは，量子アニーラと略されます。量子アニーラは，主に組み合わせ最適化問題を解く専用量子コンピュータです。（ただし，量子アニーラを，汎用計算も可能なように改良することができます（1.4節参照）。）組み合わせ最適化問題は，扱うパラメータ数が増えると組み合わせの数が指数関数的に増大し，古典コンピュータで解くのは不可能になります。

量子アニーラは，最適化問題のほかに，サンプリング，量子シミュレーションにも活用されています。サンプリングとは，多数回計算を繰り返して得た答えから，最適化の最適値を求めたり，母集団の分布についての知見を得る方法です。

本章では，社会の至るところで組み合わせ最適化問題を解くことが切望されていることをまず説明し，続いて，量子アニーリング法とはどんな方法か，量子アニーラはどのようにして最適化を実現しているのか，について解説します。

最後に，準量子アニーラ（疑似量子コンピュータ）や古典デジタル回路でのアニーリング法の実現（古典アニーラ）について触れます。すなわち，最適化問題を解くには，必ずしも量子コンピュータの完成を待つ必要はないのです。

6.1 組み合わせ最適化問題

世の中には，組み合わせ最適化問題があふれています。例えば「巡回セールスマン問題」は，「決められた地点（N 個）を必ず1回訪れ，全地点を最

短距離（または，最小費用，最短時間）で巡るにはどう回ればよいかという問題」であり，その組み合わせの数は

$$\frac{(N-1)!}{2} \equiv \frac{(N-1) \times (N-2) \times \cdots \times 1}{2} \tag{6.1}$$

となります。例えば $N = 30$ とすると，4.4×10^{30} 通りという膨大な数になります。このような**最適化問題**は NP 困難問題（Non-deterministic Polynomial time hard problem，付録 D.2.1 節参照）として知られ，最適化するべき要素の数が増えると古典コンピュータでは時間がかかり過ぎて解を得るのが不可能になります。

問題 6.1 (6.1) で，2 で割る理由

(6.1) で，なぜ 2 で割るのでしょうか。　　　　　　　　　　　　♡

表 6.1 に世の中で解くことが期待されている最適化問題の例を挙げます。最適化により，例えば，たった数％だけでも製造工程を効率化できれば，生産効率がそれだけ上がり，製造コストも軽減できます。社会での最適化のニーズは大変大きいものがあるのです。

表6.1　社会での最適化問題の例

最適化の対象	最適化の内容
交通・物流・製造工程	道筋，行程についての，距離，費用，所要時間などの最適化
機械学習（AI）	学習フィードバックデータの望ましい出力と実際の出力の差の最小化
創薬	リード化合物[†1]創製の最適化
金融サービス	ポートフォリオ[†2]の最適化，リスクの軽減
無線通信	実時間リソースの最適化
メディアテクノロジー	ターゲット広告の最適化（ユーザー履歴分析）
圧縮センシング[†3]	スパース推定[†4]の最適化
ハードウェア検定	弱点発見
ソフトウェア検定	バグ発見
ナップサック問題[†5]	容量・強度・費用制限の中での品物の選択の最適化

†1 最終的な医薬品を導き出す化合物
†2 金融商品を，リスク軽減のために分散するときの組み合わせ内容
†3 不十分な量の観測データから元の画像などを復元する技術
†4 多数のパラメータを持つ高次元データの解析において，ほとんどのパラメータを 0 にする推定
†5 付録 D.2.3 節参照

　ここで，量子アニーラとして世界のトップを走る D-Wave 社について，次のようなエピソードを紹介しましょう。2010 年，D-Wave 社の最初の顧客になったのは，ロッキード・マーティン社でした。同社の熟練技術者が 3 ヵ月かけて発見した複雑なソフトウェアのバグを，D-Wave 社の当時の 128 量子ビットマシンがわずか数週間で発見したのです。

　ロッキード・マーティン社が扱う高度で複雑なソフトウェアの開発には，莫大な費用がかかり，その費用の半分はバグ探しにつぎ込まれていました。量子アニーラは，その費用削減に大きく貢献できることを実証したのです。

6.2　量子アニーリング法

　アニーリング（annealing）とは焼きなましのことで，熱せられた金属などをゆっくり冷やすことによって，内部のひずみなどを軽減する方法です。1998 年，西森秀稔，門脇正史両氏が量子アニーリング法を発明しました。その方法は，物性物理学での**イジング模型**（Ising model）の基底状態を効率よく求めようとして開発されたものです。

6.2.1　イジング模型

　イジング模型では，2 次元格子の各点に上向きまたは下向きのスピンが置かれ，互いに相互作用しているという設定です（**図** 6.1（a））。この基底状態を求めるのは，格子点が増えるに連れて至難の業となり，新たな方法が切望

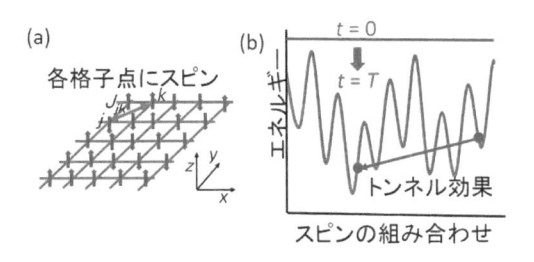

図 6.1　(a) イジング模型，(b) 量子アニーリング法

されていました。

6.2.2 量子アニーリング法

量子アニーリング法が提案されるまでは，古典的なシミュレーテッドアニーリング法が知られていました。**表** 6.2 は，量子アニーリング法とシミュレーテッドアニーリング法の比較です。量子アニーリング法では，横磁場をかけることによって，量子揺らぎとトンネル効果によって，シミュレーテッドアニーリング法よりも高確率で，しかも高速に最低エネルギー状態に行き着く例が見つかっています。

表 6.2　量子アニーリング法とシミュレーテッドアニーリング法

アニーリング法	最低エネルギー状態への遷移
量子	横磁場を弱くしていき，量子揺らぎとトンネル効果により遷移
シミュレーテッド	温度を下げていき，熱揺らぎで確率的に遷移

この節では，量子アニーリング法によって，最終的にどのようにイジング模型の基底状態に落ち着くのかについて説明します。

古典コンピュータでの量子アニーリング法

まず，古典コンピュータにおいて，どのように量子アニーリング法を用いるのかについて説明します。量子アニーリング法では，まず，各スピン間の相互作用の強さを設定します。続いて，計算式の中で強い横磁場をかけ，すべてのスピンを横向きにします。横磁場を，このスピンが揃った状態からゆっくりと弱くして行って，最終的に 0 にします。すると，各スピンは，各スピン間の相互作用の強さに対応した基底状態に落ち着くことが期待されます。

もう少し専門的に言うと，基底状態を求めるにはシュレーディンガー方程式を解くことになります（付録 C.3 節参照）。シュレーディンガー方程式では，ハミルトニアン（エネルギー演算子）を与えて方程式を解きます。量子アニーリング法では，相互作用が入った基底状態を求めるためのハミルトニアンに加えて，横磁場のハミルトニアンを入れたシュレーディンガー方程式を

解きます。横磁場の値を時間とともに小さくして行き，最終的に 0 にします。

イジング模型では，図 6.1（b）のように，スピンの各組み合わせによってエネルギー状態にたくさんの局所的最小値があります。量子アニーリング法では，横磁場を弱くして行くと，トンネル効果によって一番低いエネルギー状態である基底状態に落ち着くという仕組みです。

量子アニーラでの量子アニーリング法

量子アニーラでは，量子アニーリング法をどのように実現するのでしょうか。量子アニーラでは，各格子点のスピンを量子ビットとして扱います。まず，最適化したい問題をイジング模型のハミルトニアンに焼き直します。つまり，各量子ビット間の結合を，求めたいハミルトニアンの値に設定するのです（付録 C.3 節参照）。

次に，横磁場をかけることに相当する操作をして各量子ビットを横向き（すなわち，上向きスピンと下向きスピンの重ね合わせ状態）に初期化し，横磁場を少しずつ弱くして行って最終的に 0 にします。途中で局所的最小値に落ち着きそうになっても，量子揺らぎとトンネル効果によって，最終的に基底状態に到達する，と期待されています。最後にその各ビット値を測定して読み出します。

6.3 量子アニーラ：D-Wave

カナダのスタートアップ企業 D-Wave[※1] は，量子ゲート方式コンピュータの開発を目指して会社を立ち上げたものの，なかなかうまく行きませんでした。そんなとき，「量子アニーリング方式ならうまく行くかも」というヒントを得て，世界で初めて量子コンピュータの商用化に成功したのです。量子ビット数も 2021 年現在，量子ゲート方式コンピュータが達成した 50 ビット程度よりはるかに多い 5,000 ビットです。

※1 　D-Wave という名は，当初，量子ビットを高温超伝導体で作ろうとしたことにあります。高温超伝導体の波動関数では d 波の角運動量が効いていることからの命名です。量子化された角運動量は整数値を取り，d 波は角運動量が 2 のことです。結局，高温超伝導体は使われませんでした。

例題 6.1 **量子アニーラの量子ビット数**

　量子アニーリング法に基づく量子アニーラの量子ビット数が 5,000 になっているのに対し，量子ゲート方式コンピュータの量子ビット数は 50 程度にとどまっています。量子アニーラは，なぜビット数を多くできるのでしょうか。

解答例　　量子アニーラは，初めに量子ビット間の結合をセットし，量子ビットを初期化してしまえば，後は，横磁場に相当するものをかけてだんだん弱くし，0 になったところで測定を行うだけです。全スピンの状態は，各瞬間のエネルギー演算子（ハミルトニアン）の基底状態をたどるため，本質的に安定なのです。その間，量子ビットへの操作は少なく，時間も数十 μs で 1 サイクルが終わるので，量子ビットへのノイズの影響も小さいのです。個々の量子ビットのコヒーレンス時間は数十 ns と短いですが，量子ビット全体のコヒーレンス時間はもっとずっと長いとのことです。

　また，途中でデコヒーレンスが起こっても，エネルギーを放出してエネルギーの低い状態に移ることも多く，基底状態を求める計算にはむしろ好都合な場合も多いのです。さらに，たとえ途中で量子ビットの状態に誤りが生じても，何回も計算を繰り返すことで最適解を探すことができます（サンプリング）。実際，D-Wave では，1 回当たり数十 μs の計算を数千回繰り返して最小値の解を求めたりする方法が用いられています（文献 [西森]）。

　一方，量子ゲート方式コンピュータでは，個々の量子ビットへのゲート操作を何度も繰り返す必要があり，ノイズの影響が大きく効いてしまいます。さらに，量子ビットの数を増やすと，それぞれへのゲート操作が困難になり，ノイズも増大します。そのため，量子ビットの数はまだそれほど増やせないのです。

　以上の理由により，量子アニーラは量子ゲート方式より 2 桁多い量子ビットシステムを実現できているのです。　　　　　　　　　　　　　　　　◇

　D-Wave では，量子ビット数を増やす努力とともに，ノイズの軽減も図っています。しかしながら，やがては量子アニーリング法でも誤り訂正を行う

必要があるので，現在盛んに研究開発が行われているようです。

6.3.1　ハードウェア

図 6.2 は，D-Wave の量子演算処理ユニット（QPU：Quantum Processing Unit）です。超伝導回路の量子化磁束を量子ビットとしています。すなわち，「右回り電流」と「左回り電流」が状態 $|0\rangle$ と $|1\rangle$ に対応しています。

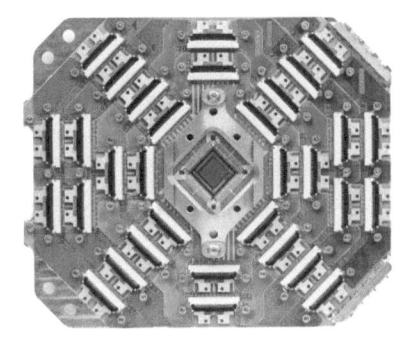

図 6.2　D-Wave Advantage QPU

出典：https://jp.techcrunch.com/2020/10/01/2020-09-29-d-wave-launch es-its-5000-qubit-advantage-system/

QPU は閉ループ極低温希釈冷凍システムにより 10 mK に保たれます。また，電磁シールド，磁気シールドなどによって外部からのノイズから守られています。

2020 年 9 月から提供が開始された D-Wave Advantage QPU は，5,000 個以上の量子ビットとそれらをつなぐ 35,000 以上のカプラーからなります。量子ビット 1 個当たりのカプラー数は 15 個となり，それまでの 6 個から増加し，より大きなアプリケーションを直接 QPU 上で解くことが可能となっています。

6.3.2　ソフトウェア

ユーザーは，クラウドを使用して D-Wave 量子コンピュータにアクセスし

ます。そのとき，ソフトウェアとして，Web UI（User Interface）と SAPI（Solver Application Program Interface）がユーザーとコンピュータとを仲介します。SAPI は量子機械命令を介して QPU に問題を送り，結果を受け取ります。全結合型ではない量子ビット同士の結合（ペガサス結合）にも対応できるようなソフトウェアの開発もなされています。

6.4 準量子アニーラ

ここでは，QNN（Quantum Neural Network，1.4.1 節）の実現方式の 1 つである同じく光を用いたコヒーレントイジングマシンを紹介します。

2019 年 5 月，NTT，NII（国立情報学研究所）および米国スタンフォード大学は，光を用いた 2,048 量子ビットのコヒーレントイジングマシン（CIM：Coherent Ising Machine）を製作し，D-Wave Two と比較して，とくに量子ビット間の結合が多いときに優れた結果を得たと発表しました[2]。

CIM では，量子ビットとして，DOPO（Degenerated Optical Parametric Oscillator，縮退光パラメトリック発信器）パルスの 0 位相と π 位相をスピン上向きと下向きとして用います。多数の DOPO パルスを全長 1 km の光ファイバリング共振器の中に入れ，電子演算回路と組み合わせた測定・フィードバック法によって，DOPO パルス間の全結合が実現されます。

この方法では，DOPO の励起光の強度を減らしていくことにより，図 6.1（b）を下側から探索するので，系のエネルギーが基底状態のエネルギーに達したところで最適解が見つかります（文献 [齊藤]）。

6.5 古典アニーラ

D-Wave は，量子コンピュータに量子アニーリング法を組み込んで最適化問題などを解いています。しかしながら，量子コンピュータの完成を待たな

※2　https://www.ntt.co.jp/news2019/1905/190525a.html

くても，古典技術を駆使することによって最適化問題を解くことが可能なのです（古典アニーラ）。

　古典アニーラとして，日本の企業では，富士通はデジタルアニーラ，日立はCMOSアニーラを開発しています。富士通と日立は，量子アニーリング法を模したアルゴリズムを古典デジタル回路上に再現しています。ただし，古典回路なので，基底エネルギー状態へ収束する際に，量子効果による加速（高速化）はありません。東芝は，古典アルゴリズムであるシミュレーテッド分岐法で最適化問題を解こうとしています。

　大学を中心とする研究チームでも，2020年2月，東京工業大学・北海道大学・日立北大ラボ・東京大学の研究チームが，全結合型LSIアニーリングプロセッサの世界初開発に成功し，STATICA（STochAsTIc Cellular Automata Annealer）と名付けたと発表しました（**図6.3**）。これは3 mm × 4 mm，512ビットのLSIチップです。その演算速度は，全スピンの並列処理によって，既存技術の数倍を達成しました。さらに，電力消費量は600 mWであり，エネルギー効率が従来の100倍以上高効率であるとのことです。従来型はSA（Simulated Annealing）方式で1スピン変化しか扱えなかったものを，全スピン計算ができるようにして実現しました。

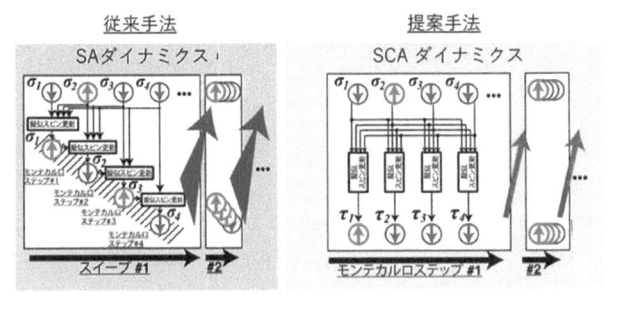

図6.3　従来法とアニーラ，STATICA

出典：https://www.titech.ac.jp/news/2020/046309

　古典アニーラは，量子アニーラが順調に性能を上げた後でも，常温で稼働するなどの使い勝手のよさを生かして活躍していることと思われます。

コラム ❻ ワームホールタイムマシンと量子力学

　SF などでおなじみのタイムマシンは，実際に造ることができるのでしょうか。実は，相対性理論では，タイムマシンの存在を否定してはいないのです。未来への時間旅行は，問題なく可能です。しかしながら，一方通行で，元の世界に帰って来られないかもしれません。

　「双子のパラドックス」は，「双子の一方が宇宙旅行に行って帰って来たとき，地球に残ったもう一方がすっかり年老いていた」という話ですが，パラドックスではなく，実際に可能です。宇宙旅行をして帰って来た人（または，重力が強い系にいた人）は，時間がゆっくり進んでいたため，地球にいた人より若いのです。浦島太郎の話は，そういう設定なのかもしれません。

　それでは，過去へ戻るタイムマシンは可能なのでしょうか。「タイムマシンを造る方法」に関する論文が，1988 年に著名な学術雑誌に載りました[3]。著者はソーン[4]らで，「高度な文明により，ワームホールをタイムマシンにすることができる」という論文でした。それ以降，堰を切ったようにタイムマシンに関する論文が学術雑誌に溢れるようになっています。

　ワームホールとは，虫食い孔のことです。りんごの表面をこの宇宙とすると，虫食い孔（高次元空間）を通って遠く離れた地点へ行って帰って来ることができるのです（ワープ航法に相当）。

　まず，どのようにしてワームホールを造るのでしょうか。その 1 つの方法は次のようです。量子論によると，超ミクロの真空の中で絶えず粒子などが対生成・対消滅を繰り返しています。ミクロのワームホールも，生成されては消滅しているはずです。高度文明は，ミクロのワームホールを拡大し，安定化できるはずです。

　拡大・安定化にはエキゾティック粒子（「負のエネルギー」を持つ粒

※3　"Wormholes, Time Machines, and the Weak Energy Condition", Michael Morris, Kip S. Thorne and Ulvi Yurtsever, Phys. Rev. Lett. **61**, 1446 (1988).

※4　Kip S. Thorne（米，1940-）重力波の直接観測に世界で初めて成功した実験（Advanced LIGO）への貢献により，ワイス（Rainer Weiss），バリッシュ（Barry C. Barish）とともに 2017 年のノーベル物理学賞を受賞しました。ソーンもホイーラー研究室出身です。

子）を注入します。負のエネルギーは，カシミール効果の真空が持っているので利用できます。（カシミール効果は，非常に短い距離だけ離して平行に置かれた2枚の金属板が，互いに引き合う効果です。真空中では絶えず粒子・反粒子の対生成・対消滅が起こっていますが，金属板間の真空での対生成・対消滅が制限され，金属板間のエネルギーがその外側より低くなったため，負のエネルギーが生じたと理解できます。）

また，真空に満ちているとされるダークエネルギーは，負の圧力（斥力）を及ぼすので，高度文明は，この真空のエネルギーを集めて使うこともできるかもしれません。（ダークエネルギーは，1998年に発見された宇宙の加速膨張を説明するために必要です。）

もう1つのワームホール生成方法は，木星ほどの質量の物質2個をブラックホール寸前（半径3m程度）まで圧縮して高次元空間を通じてつなぎ，エキゾティック粒子で安定化する方法です。

完成したワームホールをタイムマシンにするには，ワームホールの片方の口（Aとします）を急激な加速度運動をさせるか，または，非常に重力の強い場所に必要な期間だけ置いておきます。すると，一般相対論効果により，ワームホールの口Aの時間が遅れるのです。

過去に行くためには，時間が遅れたワームホールの口Aから入って，静止していたワームホールの口（Bとします）から出ればいいのです。そうすると，時間差の分だけ時間を遡ることができるのです。ただし，ワームホールの口Aの時刻以前には戻れません。（大昔に造られたワームホールタイムマシンを発見・利用できれば，もっと過去まで戻ることができます。）

逆に，ワームホールの口Bからワームホールの口Aに抜けると，元の世界へ戻ることができます。

過去へ戻るタイムマシンは，いろいろな矛盾を起こす可能性があります。例えば「親殺し」のパラドックスは，過去へ戻って（不本意にも）自分の親を殺してしまったとしたら，自分は生まれて来るのかという問題です。このような矛盾を回避する考え方として，（1）過去は変えられない，（2）過去へは行けない，（3）多世界解釈での別のパラレルワール

ドへ移る, または, 別の宇宙へ行ってしまう, などがあります。

　量子力学との関係では, ワームホールなど過去へ戻るタイムマシンは不安定で, すぐに壊れてしまうという説があります。1991 年に京都での国際会議において, ホーキング[5] によって提唱された「時間順序保護仮説」では, 真空の揺らぎなどがワームホールを何度も通過してエネルギーが増幅され, ワームホールを壊してしまうとのことです。ホーキングとソーン (とその友人) は, 科学上の問題 (例えばブラックホールの存否) について, いくつかの賭けをしました。ホーキングはほとんどの賭けに負けましたが, 「過去へのタイムマシン製作可能/不可能」に関しては, ソーンらと「TOE (Theory Of Everything) が完成しないと決着はつかない」という合意に至ったそうです。

---

[5]　Stephen W. Hawking (英, 1942-2018) 21 歳で難病 ALS に罹り, 車椅子の天才と言われました。ブラックホールのホーキング放射などで有名です。

第7章 量子コンピュータの開発状況と展望

この章では，世界での量子コンピュータの開発状況を見て，その将来を展望します。

7.1 量子コンピュータへの投資・研究状況

まず，世界各国の量子コンピュータへの投資状況と特許出願状況を見てみましょう。

7.1.1 量子コンピュータへの投資状況

図 7.1 に，世界各国での量子コンピュータ関連への国費からの投資状況を示します。2009 年から 2018 年の 10 年間の推移です。量子コンピュータの開発に，アメリカと中国がとくに力を入れていることが分かります。英国，オーストラリアも国策として 2014 年，2015 年に大規模な投資をしました。

アメリカは，量子技術を含む先端技術での中国との対抗意識を強め，2021 年 6 月 8 日議会上院で 290 億ドル（約 3 兆円）の先端技術強化法案を賛成多数で可決しました。中国も，1 兆円超の予算を投じて量子技術の研究拠点を整備するとのことです。日本の投資額は，欧米豪と比べてかなり少ないです。日本の量子コンピュータ開発は大丈夫なのでしょうか。

問題 7.1 **欧米や中国が量子コンピュータなどへの投資に熱心な理由**

なぜ欧米や中国は，量子コンピュータなどへの投資にこんなに熱心なのでしょうか。　　　　　　　　　　　　　　　　　　　　　　　　　　♡

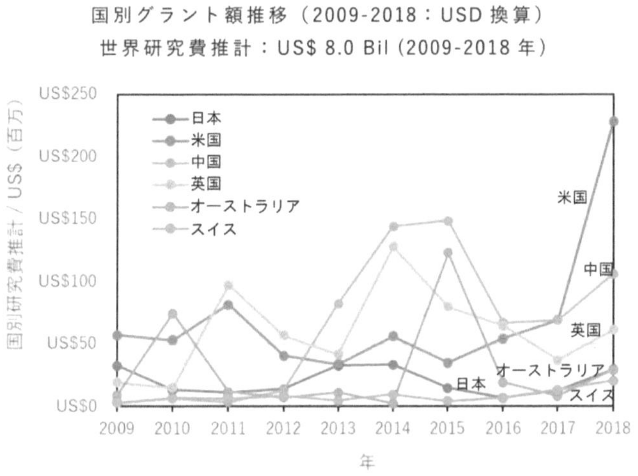

国別グラント額推移（2009-2018：USD 換算）
世界研究費推計：US$ 8.0 Bil（2009-2018 年）

図7.1　世界各国での量子コンピュータへの投資状況（2009–2018 年）
出典：2020 年 7 月，アスタミューゼ(株)https://www.astamuse.co.jp/infor
mation/2020/0728/

7.1.2　量子コンピュータ関連の特許申請数

図 7.2 は，量子コンピュータ関連の特許申請数です。各国の 2001 年から
2018 年の 18 年間の推移です。ここでもアメリカと中国が突出していること
が分かります。日本は 2012 年ごろまでは健闘していましたが，最近減少傾
向が続いています。

7.1.3　日本の量子コンピュータ開発について

図 7.1 と図 7.2 から言えることは，日本では，基礎研究は行われているも
のの，本腰を入れて量子コンピュータを開発・商用化しようという動きは鈍
そうです。

　文部科学省は，2018 年から光・量子飛躍フラッグシッププログラム（Q-
LEAP）を推進していますが。そして国は 2020 年 1 月に「量子技術イノベー
ション戦略」[※1] を策定し，内閣府，総務省，文部科学省，経済産業省などを

※ 1　最終報告書：https://www.kantei.go.jp/jp/singi/tougou-innovation/pdf/ryoushisenrya
　　ku2020.pdf，概要：https://www8.cao.go.jp/cstp/siryo/haihui048/siryo4-1.pdf

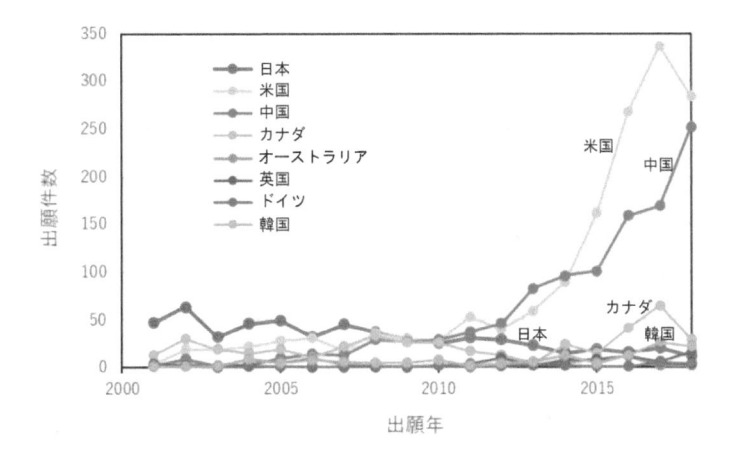

図 7.2　世界各国での量子コンピュータ関連の特許申請数（2001–2018 年）
出典：2020 年 7 月，アスタミューゼ(株)https://prtimes.jp/main/html/rd/
p/000000115.000007141.html

通じて，200〜300 億円/10 年の投資をするといいます。

　量子コンピュータの開発拠点として，理化学研究所（理研，中核組織），産業技術総合研究所，東京大学－企業連合，大阪大学，情報通信研究機構，量子科学技術研究開発機構，物質・材料研究機構，東京工業大学の 8 ヵ所が選ばれています。さらに，2020 年 2 月文科省は「2050 年までに，経済・産業・安全保障を飛躍的に発展させる量子誤り耐性量子コンピュータを実現」という「ムーンショット目標 6」を設定しました。また，産業界も，トヨタ自動車，東芝，NTT など日本の大手 24 社が，2021 年 9 月 1 日，量子産業の創出を目指して「量子技術による新産業創出協議会」Q-STAR（Quantum STrategic Alliance for Revolution）を設立しました。そして 2023 年 3 月 24 日，理研に国産 1 号機（超伝導型，64 量子ビット）が完成し，やっと日本も世界に追いついたところです。

　なお，日本の遅れの原因の 1 つに「**量子ネイティブ**（quantum native）」の圧倒的な人材不足があると痛感され，今後の人材育成も重要課題として組み入れられています。

　世界の情勢に目を転じると，米国が，中国の最近の急激な台頭に危機感を募らせ，日本などとの連携を強めようとしているところです。

企業・研究機関での
量子コンピュータ開発戦略

量子ゲート方式や量子アニーリング方式の量子コンピュータ開発に関して，企業や研究機関での戦略と展望はどうなっているのでしょうか。

7.2.1 量子ゲート方式コンピュータ

この節では，まず**表** 7.1 に量子ゲート方式コンピュータ開発の現状をまとめ，続いて，その開発・商用化に取り組む主な企業や研究機関の開発状況と展望について述べます（大部分はネットより）。

表 7.1 量子ゲート方式コンピュータ開発の現状

量子ビット	環境	拡張性（量子ビット密度）	主な企業	必要な技術開発
超伝導回路	極低温 10 mK	△ (100/cm²)	IBM, Google, Intel, Rigetti, Alibaba, Origin Quantum	極低温エレクトロニクス, 発熱・クロストーク対策
量子ドット（電子スピン）	極低温 1 K	◎ (1 億/cm²)	Intel, Silicon QC[†1], 日立・CambridgeLab	高密度量子ビット読み出し, 古典・量子電子回路統合
捕捉イオン	常温 高真空	△ (100/mm)	IonQ, AlpineQT[†2], Honeywell	大規模化
光子	常温 常圧	○	Xanadu, PsiQ	チップ化, 位相素子
マヨラナ準粒子	極低温 5 K	?	Microsoft, Nokia	動作原理確認

†1 QC = Quantum Computing
†2 QT = Quantum Technology

IBM （米国，1911 年設立）

IBM （International Business Machines Corp.）は 2019 年に，単体で動作する世界初の商用量子ゲート方式コンピュータ Q system One を発表しました。量子ビット数は 27 個ですが，ノイズレベルを大幅に減らして，購入した企業や研究機関が使いやすいようにしています（**図** 7.3）。

図 7.3　IBM 商用量子ゲート方式コンピュータ Q system One
出典：https://www.ibm.com/blogs/think/jp-ja/ibmq-quantum-compu
ter/（または，https://yahoo.jp/cQgGn1）

　また，世界に IBM Q-network を作り，共同で開発していく体制を確立し
ています。アジアでは唯一慶應義塾大学が Hub となって中心的な役割を演
じ，その初期メンバーとして JSR，三菱 UFJ 銀行，みずほ FG，三菱ケミカ
ルが名を連ねます。

　2021 年現在，65 量子ビットのシステムを IBM Q-network メンバーに提供
しています。さらに，IBM は，量子コンピュータ商用機 Quantum System
One（27 量子ビット）を，ドイツに続いて日本（川崎市）に設置し，2021 年
7 月 27 日に稼働させました。東京大学とトヨタなど大手企業 12 社連合，お
よび上記のグループが共同利用して，それぞれの研究開発を行います。

　2023 年末までに 1,000 量子ビットを超えるデバイスを作製することが次の
目標です。

Intel（米国，1968 年設立）

　Intel（Integrated electronics）は，2015 年にオランダの Qutech と提携
して，超伝導回路量子ビット開発に当たり，2018 年 1 月には 49 量子ビット
のチップを作製しました。最近は拡張性に優れたシリコン・電子スピン量子
ビットの方に重点を移して開発を進めています。

　2020 年 12 月には，シリコン・電子スピン量子ビットの駆動・制御のため
に，4 K の極低温ではたらくチップ「Horse Ridge II」を開発したと発表し
ました。

Intel は 10 年後に 100 万量子ビット規模の量子コンピュータ実現を目指しています。

Microsoft （米国，1981 年設立）

大きな目標として，数十万量子ビットのトポロジカル量子コンピュータ実現を目指しています。しかしながら，2020 年末に，マヨラナ準粒子存在確認の論文内容に疑惑が生じていて，開発は遅れているようです。

量子コンピュータ環境の整備にも努め，開発キット（Q#[※2]）を 2017 年 12 月に発表しました。また，クラウドプラットホーム（Azure）で 40 量子ビットの計算能力をシミュレートできるようにしています。

Amazon （米国，1994 年設立）

ネット通販のアマゾンらしく，各社の量子コンピュータを試せるプラットホーム（Braket）を提供しています。

Google （米国，1998 年株式非公開で設立，2004 年株式公開）

Google は，2019 年 10 月に 53 量子ビットのプロセッサ（Sycamore）を用いて量子超越性を実証したと発表しました（1.4.3 節参照）。そのシカモアを最大限有用にするためのアプリの開発を進めるとともに，有用なアルゴリズムの開発などを推進しています。

2029 年には，100 万量子ビットの NISQ 量子コンピュータでのクラウドサービス開始を目標としています。

中国科学技術大学 （中国，1958 年設立）

この大学には，中国の量子コンピュータ開発予算が重点的に投じられていて，次のように成果が出始めています。2020 年 12 月，76 光量子ビットの量子コンピュータ「九章」で量子超越性を達成したと発表しました（1.4.3 節参照）。2021 年 5 月 8 日には，62 ビット超伝導回路量子コンピュータ「祖沖之

※ 2　Q# は，C# の量子版です。C# は，プログラム言語 C++ にさらに ++ を付けたところ C# になったことからの命名とのことです。

号」を開発し，量子演算に成功したと報告しました。量子コンピュータへの，中国の力の入れようと大学の開発努力がひしひしと伝わって来ます。

Alibaba（中国，1999 年設立）

阿里巴巴（Alibaba）は，中国科学院と共同で 2015 年 7 月に量子計算実験室を設立して開発に当たっています。クラウドサービス（阿里雲, aliyun）を提供し，現在 11 量子ビットをインターネットで公開しています。

2025 年までにスパコン並みの量子シミュレーションを実現し，2030 年までに 50～100 量子ビットの量子ゲート方式コンピュータ用チップを大量生産して実機製作を目指しています。ただし，2021 年に入ってから中国国内での状況が急変したため，今後の進展が見通せません。

主要なスタートアップ企業

量子ゲート方式コンピュータの主要なスタートアップ企業について，表 7.2 にまとめました（文献 [山崎]，インターネット）。各企業の進展は目覚ましく，目が離せない状況です。

表 7.2　量子ゲート方式コンピュータの主なスタートアップ企業

企業名	量子ビット	国	設立年	現状など
Rigetti	超伝導回路	米国	2013	2019 年に Aspen-7（28 量子ビット）発表
本源量子[†1]	超伝導回路	中国	2017	特許数 77 個は世界第 7 位。本源悟源（6 量子ビット）を建設
IonQ	捕捉イオン	米国	2015	2021 年に 32 量子ビットコンピュータを発表予定
Xanadu	光子	カナダ	2016	2020 年 9 月，12 量子ビットクラウドサービス開始
Silicon QC[†2]	量子ドット	豪州	2017	2023 年に 10 量子ビット目標

[†1] Origin Quantum

[†2] QC = Quantum Computing

7.2.2　量子アニーラ，準量子コンピュータ，古典アニーラ

量子アニーラについては，D-Wave がすでに 5,000 量子ビットを実現して

商用化に成功し，組み合わせ最適化問題などに実績を積みつつあります（6.3節参照）。また，古典アニーラでも，古典デジタル回路に量子または古典アニーリング法を組み込んで，最適化問題の商用化を目指しています。さらに，準量子コンピュータとも言える方式（量子ニューラルネット，準量子アニーラ）でも最適化問題を扱えます。

表 7.3 に，量子アニーラ，準量子コンピュータ，古典アニーラ開発の現状をまとめます。

表 7.3　量子アニーラ，準量子コンピュータ，古典アニーラ開発の現状

分類	方式	企業等	現状・目標・開発項目
量子	超伝導磁束素子	D-Wave	2020 年，5,000 量子ビット（ペガサス結合）
	超伝導パラメトロン素子[†1]	NEC	2023 年に実機完成目標
	超伝導チップ・周辺分離	産総研	2.5 次元実装技術，特定最適化問題
準量子	量子ニューラルネット	NTT	2019 年，10 万ニューロン，100 億シナプス結合
	CIM：DOPO[†2]全結合方式	NTT-NII	測定・フィードバック法
古典	コヒーレントイジング	HP	シリコンフォトニクス技術・チップ化で小型化
	デジタルアニーラ	富士通	2019 年，8192 ビット，1845 京相当
	CMOS アニーラ	日立	2019 年，チップ化，10 万ビット実現
	シミュレーテッド分岐	東芝	2019 年，4,096 変数，全結合，51 mW，0.21 ms
	全結合型 LSI アニーラ	東工大他	2020 年 2 月，512 ビット 3 × 4 mm^2，600 mW（6.5 節参照）

[†1] 超伝導コイルとコンデンサによる共振回路。共振の 2 倍の振動数で変調。
[†2] Coherent Ising Machine, Degenerated Optical Parametric Oscillator

以下に，主に量子アニーラ，準量子コンピュータ，古典アニーラの開発・商用化に取り組む企業の開発の現状と展望について述べます（大部分はネットより）。

D-Wave （カナダ，1999 年設立）

2017 年に D-Wave 2000Q（2,024 量子ビット）を発表し，2018 年にはクラウドサービス（Leap）を提供しています。2020 年には 5,000 量子ビットを実現しました（6.3 節参照）。量子コンピュータ業界をけん引して来て，つ

いに商用化に成功したと言えるのではないでしょうか。

東芝（日本，1875 年設立）

改良版シミュレーテッド分岐アルゴリズムを開発し，複数の金融機関と協業を推進中で，2021 年度中にクラウドサービス化を目指すとしています。

NEC（日本，1899 年設立）

2020 年前半に古典コンピュータ NEC ベクトル型スパコン SX-Aurora Tsubame を稼働させ，SA（Simulated Annealing）で最適化問題に挑戦します。また，2021 年 2 月にオーストリアの PQC（Parity Quantum Computing）と協業を開始し，2023 年には超伝導パラメトロン素子量子アニーラに PQC アーキテクチャを実装して，全結合型量子アニーラを実用化したいとのことです。

量子ゲート方式コンピュータに関しては，2020 年 1 月に量子コンピュータ推進室を設置し，まずは 4 量子セルで動作確認を行っています。2023 年には全結合論理ビット構築技術を確立したいとしています。

日立（日本，1910 年設立）

名刺サイズで 6 万ビット相当の CMOS アニーラを活用して最適化問題に取り組んでいます。

量子コンピュータに関しては日立ケンブリッジラボを設立し，量子情報チームが単一電子スピン量子ビット（スプリットゲートトランジスタ）の開発を行っています。

富士通（日本，1935 年設立）

デジタルアニーラを活用して最適化問題について適用分野ごとに求解法を定型化し，2022 年度までに 1 千億円の売り上げを目指すとしています。また，創薬を東レと共同で開発します。

量子コンピュータに関しては，2021 年 4 月 1 日に理化学研究所に設置された研究センターと連携して開発に当たるほか，ソフトウェアに関してカナダの Quantum Benchmark 社と共同で高ノイズ耐性アルゴリズムを開発して

います。

量子コンピュータとしては認められていませんが，光通信技術を使った QNN（Quantum Neural Network）の 10 年後の実用化を目指しています。

量子コンピュータでは，中性原子による測定型（一方向型）量子計算の実現を目指すとしています。2014 年には 100 万個の中性原子のもつれ状態（リソース状態）生成に成功し，5 年以内に 1 万量子ビットの測定型汎用量子コンピュータの実現を目指すとのことでしたが，その後は不明です。

また，QNN と似た技術ですが，NII・米国スタンフォード大学との共同開発のコヒーレントイジングマシン（CIM）は，光パルスを用いた準量子アニーラです（6.4 節参照）。

7.2.3 量子コンピュータ用ソフトウェアの開発

量子コンピュータ用のソフトウェアの開発も活発に行われています。ハードウェア開発に比べて一般的に資本金が少なくて済むことなどから，たくさんのスタートアップ企業が立ち上がっています。

日本でも，Blueqat, QunaSys, Tokyo Quantum Computing, Quantum Core, Jij などが活動しています（**表** 7.4 参照）。AI 用ソフトウェア開発で知られる ABEJA や Nextremer なども，最近，量子コンピュータに注目しているようです。

表 7.4　量子ソフトウェアスタートアップ企業の例（日本）

企業	設立	概要
Blueqat	2008.12	量子コンピュータ・機械学習
Tokyo QC[†1]	2017.04	量子アニーラ用モンテカルロアルゴリズム
QunaSys	2018.02	東大・京大発，量子技術，化学シミュレーション，人材育成
Quantum Core	2018.04	レザバ（reservoir）コンピューティング[†2]
Jij	2018.11	東工大発，量子アニーラを用いた最適化計算基盤の開発

†1 QC = Quantum Computing
†2 少量のデータで簡単に多変量時系列処理を行う高速機械学習

　現在のところ量子ビットとして先頭を走っているのは，超伝導回路量子ビットであり，商用化・実用化の面では，量子アニーリング方式コンピュータが量子ゲート方式コンピュータをかなりリードしている状況です。この状況はしばらく続くものと思われます。

　D-Wave や IBM などは，クラウドサービスなどを通じて，量子コンピュータが各ユーザーにとってどのように役立つのかを検討してもらえるようにしています。量子コンピュータ時代はもう幕を開けているのです。

　超伝導回路量子ビットに続いて，捕捉イオン，光子，量子ドット・電子スピンなどによる数十量子ビット規模の量子ゲート方式コンピュータが造られつつあります。

　以下の記述は，主に量子ゲート方式コンピュータの展望についてです。

7.3.1　超伝導量子ビット数の増加

　図 7.4 は，量子ゲート方式コンピュータの超伝導回路量子ビット数が年とともにどう増加して来たかを示しています。最近の進展は目覚ましく，楽観的には 4 年で 14 倍というスピードで，より現実的には 4 年で 2 倍のスピードで量子ビットの数が増えて行くのが見て取れます。

7.3.2　量子ビットの寿命変遷

　図 7.5 は，超伝導回路量子ビットのコヒーレンス時間（量子ビットの寿命）の進展を図示したものです。ここでもムーアの法則が成り立ち，コヒーレンス時間が 3 年ごとに 10 倍の割合で伸びて来ていることが分かります。現在，コヒーレンス時間は 1 ms 付近です。

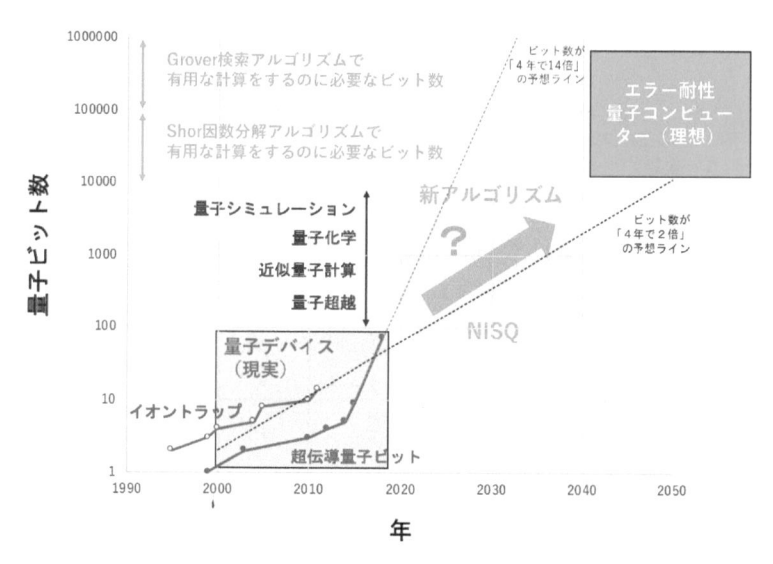

図 7.4 超伝導回路量子ビット数の変遷

出典：CRDS-FY2018-SP-04 図 2.5　https://www.jst.go.jp/crds/pdf/
2018/SP/CRDS-FY2018-SP-04.pdf

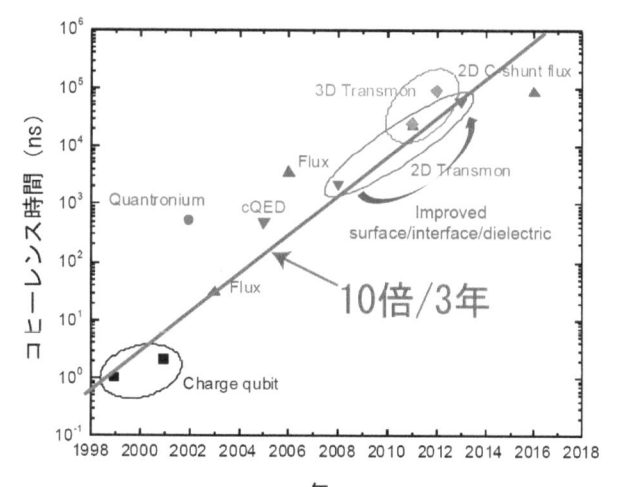

図 7.5 超伝導回路量子ビットの寿命変遷

出典：https://www.jstage.jst.go.jp/article/jcsj/53/5/53_295/_pdf

7.3.3 誤り率の低減・量子ビット数の増加と量子コンピュータの進展

　図 7.6 は，縦軸に誤り率，横軸に量子ビット数をとったグラフに量子コンピュータの進展予想を図示したものです。図 7.6 の FTQC は，誤り耐性量子コンピュータ（Fault Tolerant Quantum Computer）です。

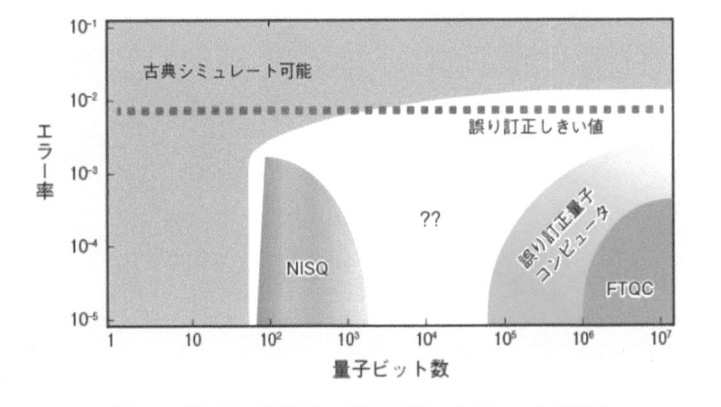

図 7.6　誤り率・量子ビット数と量子コンピュータの進展
出典：https://www.rd.ntt/research/JN202103_10981.html

　必要量子ビット数についてですが，量子誤り訂正のためには，1 個の論理量子ビットに対して 10～1 万個の物理量子ビットが使用されます。その結果，誤り耐性量子コンピュータ実現には，100 万～1 億個の物理量子ビットが必要となります。「物理量子ビット/論理量子ビット」の比率は，誤り率が低いほど少なくて済みます（表 5.4 参照）。

　量子ゲート方式コンピュータのビット数は今後も順調に伸びて行くのでしょうか。図 7.6 に見るように，必要量子ビット数について，NISQ デバイスと誤り耐性量子コンピュータとの間には大きなギャップがあります。量子ゲート方式コンピュータが誤り耐性量子コンピュータになるためには，幾多のブレークスルーが必要です。

　しかしながら，古典コンピュータがわずか数十年の間に，現在のように急激な発展を遂げ，パソコン，携帯がこんなに普及している世界を，当時のコンピュータ開発者たちが予見できたでしょうか。量子コンピュータは，数十

年後にはきっと全盛時代を迎えていることでしょう。

　量子コンピュータは，その全盛の時代に向けて，以下のような段階を経て発展を遂げて行くのではないでしょうか。

7.3.4　NISQ デバイス時代

　量子ビットの数が 100 個程度から，NISQ（Noisy Intermediate Scale Quantum）デバイスが古典コンピュータと協同して実用化されるとみられています。NISQ デバイスで何ができるのでしょうか。キラーアプリの探索が現在盛んに行われています。キラーアプリとは，商業的に成功するアプリのことです。

　NISQ デバイスという呼び名は，主に量子ゲート方式に用いられます。量子アニーラも当面 NISQ デバイスとして活躍すると思われますが，D-Wave はすでに 5,000 量子ビットを実現し，最適化問題解法への実用段階に入っていると思われます。以下は主に量子ゲート方式 NISQ デバイスについてです。

　NISQ デバイスで最初に実用化されるのは，量子化学シミュレーションであり，数年後には実現するであろうと言われています。例えば，より効率的な触媒の探索や新しい分子の構造・性質を調べるなど，用途は広いです。その際，特殊な問題に特化した専用チップも作られることでしょう。

　続いて NISQ デバイスで活躍が期待されるのは，最適化問題や機械学習だと言われています。しかし，NISQ デバイスの有効性に悲観論もあり，少ない量子ビット数でも誤り訂正を追究すべきという考えの人も多いようです。

　キラーアプリが次々と生まれて NISQ デバイスが社会で活躍すると，誤り耐性量子コンピュータ開発の機運も高まり，次のようなマイルストーンを経由して進化して行くと考えられます。

7.3.5　量子加速と量子飛躍

　量子超越性（quantum supremacy）は，2019 年に Google グループ，2020 年に中国のグループが達成したと発表しました（1.4.3 節参照）。しかし，量子超越性は単に，量子コンピュータが得意とする問題をスーパーコンピュー

タよりずっと高速に計算できることを示すだけです。量子超越性を示す過程で解いている問題は，実社会に役立つような計算問題ではないのです。

そこで，量子コンピュータ開発の目指すべき次なる目標は，**量子加速**（quantum speedup，または quantum advantage）であると言われています。すなわち，「社会に役立つ実用的な問題を，量子コンピュータが古典スーパーコンピュータより高速に解けること」を示すのです。Google は，2022 年に量子加速が達成できると予想しています。

その次の目標は，**量子飛躍**（quantum leap），すなわち，量子コンピュータが古典コンピュータを実用計算ではるかにリードすることです。

7.3.6　誤り耐性量子コンピュータへ

量子飛躍のためには，量子ゲート方式コンピュータの量子ビット数が現在の数十から大幅に増えて，数百万以上になって，誤り耐性を確立する必要があります。

量子ビット数が数千から数百万の間には大きなギャップがあります。量子コンピュータでは，すべての量子ビットが互いに相互作用し合うように設計しなければなりません。現在の技術のまま量子ビットを増やすことは非現実的です。

そこで，**分散型量子計算**と**モジュラー化方式**の 2 つの方向性が考えられています。分散型量子計算では，多数の小規模な量子コンピュータを量子ネットワークで接続して量子計算を行います。この具体的な例は文献 [青木] に譲って，詳細は省きます。

モジュラー化方式では，個々の量子ビットを操作可能な数千〜数万量子ビットのモジュールを作り，それをたくさん並べて誤り耐性量子コンピュータとするのです。このとき，モジュール間の量子ビット同士の相互作用が必要になります。その方法は，量子ビットの種類によって異なります（文献 [グランブリング]）。

以下は，捕捉イオンと超伝導回路の場合についてです。それ以外の量子ビットでは，今は実機を造ることに集中している段階なので，モジュラー化については省略します。

捕捉イオン量子コンピュータ

捕捉イオン量子ビットでは，チップの中に複数のイオン列（チェーン）を作ります。イオン列間の相互作用は，一部のイオンをチェーン間に移動（シャトリング）させて実現します。

チップ間の結合には 2 種類の方法が考えられています。1 つは光によって結合する方法で，すでに実績があります。もう 1 つはチップをタイルのように並べて，チップ間をイオンが移動（チップタイリング）する方式で，まだ未成熟な技術です。

超伝導回路量子コンピュータ

超伝導回路量子ビットでは，300 mm ウェハに現行の量子ビットの大きさで詰めると，25 万個が入ります。量子ビットを小型化できれば，ウェハ当たりの量子ビット数がさらに増えます。このモジュールを複数集めて大規模化します。

モジュール間の結合には，光（マイクロ波，または可視光付近の光）を媒介にする方法が提案されています。

7.3.7 量子コンピュータの本格的運用と古典コンピュータ

量子ビットの数が 100 万個になると，誤り耐性量子コンピュータの実用化が現実性を帯びて来ます。早ければ 2030 年，遅くとも 2050 年には誤り耐性量子コンピュータが現実のものとなるでしょう。

誤り耐性量子コンピュータで期待される成果

表 7.5 に，誤り耐性量子コンピュータで期待される成果の例を挙げます（主にネットより[3]）。しかしながら，この表をはるかに超えた活躍をしているのではないでしょうか。

---

[3] 例えば，https://www.ibm.com/blogs/think/jp-ja/2020-01-16-the-qua-n-tum-computing-era-is-here-why-it-matters-and-how-it-may-change-our-world/

表 7.5　誤り耐性量子コンピュータで期待される成果の例

分野	期待される成果の例
気候変動	炭素除去方法（炭素と他の元素の結合を計算）
エネルギー	大電力バッテリー（電池の化学反応，素材）
新機能材料	常温超伝導物質，太陽電池，光合成材料
分子設計	窒素固定用触媒（肥料作製用），薬の設計，物質の自動設計（ファブレス化[†1]）
通信・計算	ブラインド量子計算[†2]，暗号通信
生命科学	たんぱく質折り畳み，酵素の構造
医学	画像診断，人工筋肉・皮膚・臓器
科学	宇宙の森羅万象シミュレーション
最適化	表 6.1 参照

[†1] 最適な物質を，実際に製造せずに設計・最適化する方法
[†2] クラウド経由の量子計算の内容が完全に機密化される技術

古典コンピュータとの関係

　誤り耐性量子コンピュータが運用され始めたとき，古典コンピュータとの関係はどうなるのでしょうか。現在，古典コンピュータは日常のあらゆる面で活躍しています。誤り耐性量子コンピュータが現実になったとき，どの程度古典コンピュータを置き換えていくのでしょうか。

　大型の古典コンピュータは，科学技術計算用と事務処理用の2つに大別できます。原理的に省エネである量子コンピュータは，いったん実用化され，安定に動き始めたとき，科学技術計算用のスーパーコンピュータを駆逐するでしょうか。どうもそうではなさそうで，量子コンピュータが苦手とする計算問題も少なくないようです[※4]。

　消費電力の面でも，スーパーコンピュータよりはるかに省エネかどうかについて，今のところ明確な予想はできません。なぜなら，百万～1億量子ビット規模の量子コンピュータでは，個々の量子ビットへの操作が必要なほか，量子コンピュータの制御に古典コンピュータや古典回路が駆使されるからです。

　事務処理用のオンラインリアルタイム処理のための古典コンピュータ（例えば，銀行の ATM，鉄道などの座席予約，鉄道制御や航空管制のシステム

[※4] 例えば，天気予報，風洞実験に代わる数値シミュレーションなど（?）。ただし，これらの分野でも，その圧倒的な状態数（n 量子ビットで 2^n 個）をうまく利用できると，量子コンピュータが活躍できるのですが。しかしながら，量子コンピュータは，正確を要する給与計算などには向きません。

用）が，量子コンピュータに置き換わるでしょうか。少なくとも当初は，置き換わらないと思われます。圧倒的に速くて正確な事務処理用量子アルゴリズムが発明されれば別ですが。

まとめ

　量子コンピュータは，自然界を支配する量子力学の原理をフルに活用した究極のコンピュータであり，完成のあかつきには当然，古典コンピュータをはるかにしのぐ性能を発揮するはずです。

　現在，量子アニーリング方式コンピュータは，すでに活躍を始めています。また，NISQ デバイス・古典コンピュータハイブリッドが活躍する時代もすぐそこに来ています。

　数十年後に誤り耐性量子コンピュータが実現したとき，恐らく古典コンピュータと共存して，それぞれの得意分野で実力を発揮していることでしょう。ボストン・コンサルティング・グループの推定によると，量子コンピュータは 2050 年には年間最大 8500 億ドル（約 93 兆円）の利益を創出する可能性を秘めているとのことです。その時代には，量子コンピュータは現在の推測の範囲をはるかに超えて活躍しているのではないでしょうか。

コラム ❼　マルチバース理論と多世界解釈

　コラム 2 は多世界解釈についてでした。ここではマルチバース（multiverse，またはメガバース）理論について考えてみます。マルチバースは，唯一の宇宙，ユニバース（universe）からの造語です。我々の宇宙以外に無数の宇宙があるという考えです。どうしてそんな途方もない考えが必要なのでしょうか。また，量子力学の多世界解釈と関係があるのでしょうか。

　20 世紀初頭に，新しい 2 つの物理学の柱が樹立されました。量子論と相対論です。相対論は，アインシュタイン方程式により宇宙の進化・発展を記述します。しかし，宇宙誕生の頃の超高エネルギー状態は極微の世界であり，量子論の領域になります。宇宙誕生の謎に迫るには，量子論と相対論を統一する必要があるのですが，それは非常に困難です。

その2つを統一する最有力候補の理論が超弦理論（超ひも理論）なのです。

　超弦理論によって私たちの宇宙がユニークに説明できるのでしょうか。長年の研究の結果は思いがけないものでした。宇宙は，ユニークどころか，10^{500}個以上もあるというのです。その理由は，超弦理論では空間の3次元に加えて6個の余剰次元が必要だからです。空間が9次元のときにのみ，超弦理論は無矛盾になるのです。しかしながら，3次元の世界に住んでいる私たちには，余剰次元は見えません。そこで，余剰次元は小さく丸まっている（コンパクト化されている）と考えます。すると，コンパクト化された余剰次元の空間の数が10^{500}個以上もあるというのです。これは，宇宙が無数に存在することを意味します。

　この結論を逆手に取って，私たちの住むこの宇宙の不思議「微妙なバランス」を説明するアイデアを以下に紹介します。私たちの宇宙の基本定数は，微妙なバランスのもとにあります。基本定数は，理論では決められない自然定数のことで，その例として，万有引力定数G_N，電気素量e，プランク定数h，光速cや電子の質量などがあります。

　微妙なバランスの例を，1つだけ挙げましょう。1998年に，宇宙の膨張が加速していることが発見されました。これを単純明快に説明するのがダークエネルギー（真空のエネルギー）です。ダークエネルギーは正体が謎のままなので，「ダーク」と名づけられています。同じく謎のままで光では見えない物質「ダークマター」（dark matter）と双璧を成す現代の謎の1つです。

　ダークエネルギーは斥力としてはたらき，宇宙を加速膨張させるのです。ダークエネルギーを「予言した」のはアインシュタインです。1917年，アインシュタインは完成したばかりの一般相対論の方程式を解いたところ，宇宙は不安定で，膨張または収縮する解しか得られませんでした。宇宙は不変であると信じていたアインシュタインは，方程式に宇宙項（斥力を及ぼす真空のエネルギー項）を加えて，銀河など通常物質による万有引力とつり合うようにしたのです。

　1929年に，「宇宙が膨張している」というハッブル・ルメートルの法

則が発見され，アインシュタインは「生涯の恥」として宇宙項を取り下げました。この宇宙項が今復活しているのです。

ところがその値はなんと，超弦理論で予言される値より 120 桁も小さいのです。もしその値が現在の値より少しでも大きいと，宇宙の加速膨張は速すぎて私たちの住む宇宙にはなりません。また，現在の値より小さいと，この加速膨張している宇宙を説明できません。

そこで，基本定数の微妙なバランスを説明するために，次のように考える研究者が増えているのです。「超弦理論では，宇宙は 10^{500} 個以上のマルチバースになっていて，私たちの住んでいる宇宙はその 1 つに過ぎず，たまたま私たちの宇宙の基本定数は微妙なバランスのもとにあるだけなのだ」と。

マルチバースのそれぞれでは，基本定数は様々な値を取っていると考えられます。私たちの宇宙では，真空のエネルギーが超弦理論の予言値の 10^{-120} 倍になっているなど，物理定数が大変微妙に調整されていて，生命も生まれ，私たち知的生物も存在できるのだと考えるのです。

10^{500} 個以上の宇宙の 1 つを考えましょう。斥力を及ぼす真空のダークエネルギーによって，その宇宙は永久に加速膨張（インフレーション）をしています。その状態から，トンネル効果によってさらに低いエネルギー状態の別の空間に移ると，新たな宇宙（泡宇宙）が生じます。次々と泡宇宙が生成されたマルチバースの中の 1 つが私たちの宇宙というわけです。

大部分のマルチバースでは，真空のエネルギーは大きすぎて膨張が激しすぎ，銀河などの構造，ましてや知的生物も生まれないと考えます。知的生物が生まれた宇宙では，「知的生物が，絶妙なバランスにある物理定数の不思議さに感嘆する」というわけです。

マルチバースと量子力学の多世界解釈との関係はどうなっているのでしょうか。マルチバースを信奉する研究者は，「多世界とマルチバースは同一の概念である」と考えているようです。つまり，超弦理論は量子力学に基づいているので，マルチバース全体の波動関数が時間とともに変化して，次々と誕生する泡宇宙の重ね合わさった状態に発展すると考

えるのです。

　もともと人類は，地球が宇宙の中心だと思っていました。それが地動説により太陽が中心となり，太陽系は銀河系（天の川銀河）の一員と分かり，天の川銀河自身も無数の銀河の1つと分かりました。

　そしていま，「私たちの宇宙自身も，唯一（ユニバース）ではなく，無数のマルチバースの中の1つに過ぎない」と考えるべきなのかもしれません。（参考文献 [須藤，野村]）

ここでは，量子ビットや演算子（ゲート）を数式で表し，最後に誤り訂正のエッセンスを述べます。数式は，ベクトルや行列についての最小限の知識があれば決して難しくありません。ベクトルや行列も，単に四則演算の延長上にあるものです。数式を理解し，使いこなすことによって，知識がきれいに整理でき，量子コンピュータへの理解も深まるでしょう。ぜひ数式にチャレンジしてみてください。

A.1　1量子ビットと演算子

まずは1量子ビット状態を2行1列のベクトルで表し，それに演算する演算子（1量子ゲート）を2行2列の行列で表します。

A.1.1　1量子ビットと規格直交条件

まず量子ビットを，ケットベクトルとブラベクトルで表すことにします（2.2.2節参照）。量子ビットは確率1で存在し，その状態を測定できる（ただし，0または1として）ので，規格直交条件を満たします。その数式表現を見てみましょう。

ケットベクトル

量子力学では，0の状態を $|0\rangle$，1の状態を $|1\rangle$ のように，**ケットベクトル**（ket vector）を用いて表します。状態 $|0\rangle$ と $|1\rangle$ は次のように2行1列のベクトルで表されます。

$$|0\rangle = \begin{pmatrix} 1 \\ 0 \end{pmatrix}, \quad |1\rangle = \begin{pmatrix} 0 \\ 1 \end{pmatrix} \tag{A.1}$$

状態 $|0\rangle$ と $|1\rangle$ は，それぞれ上向きと下向きに相当します。量子ビットは一般に $|0\rangle$ と $|1\rangle$ の任意の**重ね合わせ状態**にあります。その状態を $|\psi\rangle$ とすると，

$$|\psi\rangle = \alpha|0\rangle + \beta|1\rangle = \begin{pmatrix} \alpha \\ \beta \end{pmatrix} \begin{array}{l} \leftarrow |0\rangle \\ \leftarrow |1\rangle \end{array} \tag{A.2}$$

のように 2 行 1 列のベクトルで表されます。ここで α と β は一般に複素数です。（複素数は，虚数 $i \equiv \sqrt{-1}$ を用いた数です。ここで $\equiv$ は定義式であることを表す記号です。任意の複素数は，a, b を任意の実数として，$a + ib$ と表されます。）

ブラベクトル

次に，ブラ（bra）ベクトルを定義します。$\langle 0|$，$\langle 1|$，および $\langle \psi|$ は，次のように 1 行 2 列のベクトルで表されます。

$$\langle 0| = (1, 0), \quad \langle 1| = (0, 1)$$
$$\langle \psi| = \alpha^*\langle 0| + \beta^*\langle 1| \equiv (\alpha^*, \beta^*) \tag{A.3}$$

ここで α^*, β^* は α, β の複素共役です。（複素共役は，a, b を実数とし，$\alpha = a + ib$ とするとき，$\alpha^* = a - ib$ です。）

ブラベクトルとケットベクトルの積

一般のブラベクトルとケットベクトルを次のように定義します。

$$\langle \psi_1| = (\alpha_1^*, \beta_1^*), \quad |\psi_2\rangle = \begin{pmatrix} \alpha_2 \\ \beta_2 \end{pmatrix} \tag{A.4}$$

ブラベクトルとケットベクトルの積は

$$\langle \psi_1|\psi_2\rangle = (\alpha_1^*, \beta_1^*) \begin{pmatrix} \alpha_2 \\ \beta_2 \end{pmatrix} = \alpha_1^*\alpha_2 + \beta_1^*\beta_2 \tag{A.5}$$

のように，単なる複素数（スカラー量）となります。（ブラベクトルとケット

ベクトルの積での中央の 2 本の縦棒は，通常，1 本にします。）

規格直交条件

(A.2) の $|\psi\rangle$ において，α と β は次の規格化条件を満たします。

$$|\alpha|^2 + |\beta|^2 = 1 \tag{A.6}$$

(A.6) は次の規格直交条件より導かれます。

$$|\psi|^2 \equiv \langle\psi|\psi\rangle = (\alpha^*, \beta^*)\begin{pmatrix} \alpha \\ \beta \end{pmatrix} = |\alpha|^2 + |\beta|^2 = 1 \tag{A.7}$$

$$\langle 0|0\rangle = (1,0)\begin{pmatrix} 1 \\ 0 \end{pmatrix} = 1, \quad \langle 1|1\rangle = (0,1)\begin{pmatrix} 0 \\ 1 \end{pmatrix} = 1 \tag{A.8}$$

$$\langle 0|1\rangle = (1,0)\begin{pmatrix} 0 \\ 1 \end{pmatrix} = 0, \quad \langle 1|0\rangle = (0,1)\begin{pmatrix} 1 \\ 0 \end{pmatrix} = 0 \tag{A.9}$$

A.1.2　ブロッホ球とベクトル

原点を中心とする半径 1 の球（ブロッホ[※1]球）を考えます。**図** A.1 のように座標軸 x, y, z を決め，球面上の座標を $(x, y, z)^T$ とします。ここで，記号 T は転置行列を取ることを表します。すなわち，3 行 1 列のベクトルになります。このとき，原点から点 $(0, 0, 1)^T$ へのベクトルを状態 $|0\rangle$，原点から点 $(0, 0, -1)^T$ へのベクトルを状態 $|1\rangle$ と定めます。

状態 $|0\rangle$ と $|1\rangle$ の任意の重ね合わせ状態 $|\psi\rangle$ は，原点からブロッホ球面上の 1 点への 2 行 1 列のベクトルとして表されます。角度 θ, ϕ を図 A.1 のように決めると，$|\psi(\theta, \phi)\rangle$ は次のように表されます。

$$|\psi(\theta, \phi)\rangle = \cos\left(\frac{\theta}{2}\right)|0\rangle + e^{i\phi}\sin\left(\frac{\theta}{2}\right)|1\rangle = \begin{pmatrix} \cos\left(\frac{\theta}{2}\right) \\ e^{i\phi}\sin\left(\frac{\theta}{2}\right) \end{pmatrix} \tag{A.10}$$

※1　Felix Bloch（スイス，米，1905-1983）ドイツで研究するも，ユダヤ系ということで 1933 年に米国へ逃れました。1952 年に NMR の基礎研究でパーセル（Edward M. Purcell）とともにノーベル物理学賞を受賞しました。

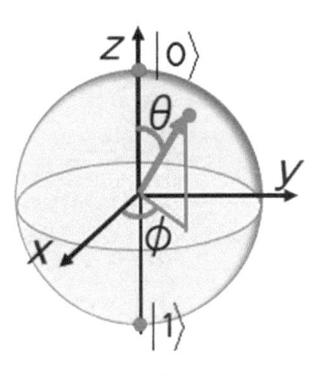

図 A.1　ブロッホ球

ここで $e^{i\phi}$ は次のように書けます（オイラー（Leonhard Euler）の公式，**図 A.2**）。

$$e^{i\phi} = \cos\phi + i\sin\phi \tag{A.11}$$

すなわち，$|e^{i\phi}| = 1$ なので，$e^{i\phi}$ は複素平面上で原点を中心とする単位円となり，図 A.2 より，(A.11) の公式が成り立つことが分かります。

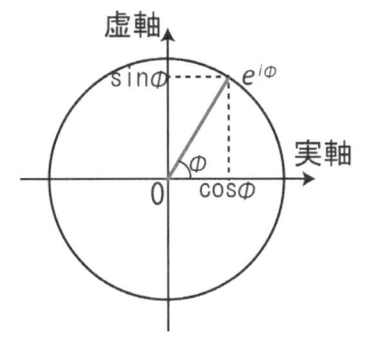

図 A.2　複素平面上でのオイラーの公式

問題 A.1　量子ビットが 2 行 1 列のベクトルで表される理由

　量子ビットが 3 次元空間のベクトルとして定義されたのに，なぜ 2 行 1 列のベクトルで表されるのでしょうか。　　　　　　　　　　　　　　♡

A.1.3　1量子ゲート

量子コンピュータでは，量子ビットに演算子（ゲート）を施して計算します。1量子ビットにはたらく演算子（1量子ゲート）は，2行2列の行列で表されます。

パウリ演算子と恒等演算子

パウリ[*2]演算子 X, Y, Z と恒等演算子 I は次のように2行2列の行列で表されます。（量子力学では，パウリ行列は $\sigma_x, \sigma_y, \sigma_z$ と表します。）

$$X \equiv \begin{pmatrix} 0 & 1 \\ 1 & 0 \end{pmatrix}, \quad Y \equiv \begin{pmatrix} 0 & -i \\ i & 0 \end{pmatrix}, \quad Z \equiv \begin{pmatrix} 1 & 0 \\ 0 & -1 \end{pmatrix}, \quad I \equiv \begin{pmatrix} 1 & 0 \\ 0 & 1 \end{pmatrix} \tag{A.12}$$

パウリ演算子の積には次のような関係があります（行列の積の演算規則については (A.33) を参照）。

$$XY = -YX = iZ, \quad YZ = -ZY = iX,$$
$$ZX = -XZ = iY, \quad X^2 = Y^2 = Z^2 = I \tag{A.13}$$

一般に行列の積は (A.13) のように非可換です。Y は X と Z の積で得られるので，量子ゲートではほとんど使われません。

問題 A.2　**(A.13) の導出**

(A.13) を示しなさい。　　　　　　　　　　　　　　　　　　　　♡

X, Z を $|0\rangle$ と $|1\rangle$ に演算してみましょう（行列とベクトルの演算規則については (A.32) を参照）。

$$X|0\rangle = \begin{pmatrix} 0 & 1 \\ 1 & 0 \end{pmatrix} \begin{pmatrix} 1 \\ 0 \end{pmatrix} = \begin{pmatrix} 0 \\ 1 \end{pmatrix} = |1\rangle$$

$$X|1\rangle = \begin{pmatrix} 0 & 1 \\ 1 & 0 \end{pmatrix} \begin{pmatrix} 0 \\ 1 \end{pmatrix} = \begin{pmatrix} 1 \\ 0 \end{pmatrix} = |0\rangle \tag{A.14}$$

[*2]　Wolfgang E. Pauli（スイス，1900-1958）パウリの排他律などで 1945 年にノーベル物理学賞受賞。実験は下手で，パウリが近くを歩くだけで実験装置が壊れると噂されました。完全主義者で，同僚の仕事に間違いを見つけると容赦なく酷評を浴びせたことでも有名です。

$$Z|0\rangle = \begin{pmatrix} 1 & 0 \\ 0 & -1 \end{pmatrix} \begin{pmatrix} 1 \\ 0 \end{pmatrix} = \begin{pmatrix} 1 \\ 0 \end{pmatrix} = |0\rangle$$

$$Z|1\rangle = \begin{pmatrix} 1 & 0 \\ 0 & -1 \end{pmatrix} \begin{pmatrix} 0 \\ 1 \end{pmatrix} = \begin{pmatrix} 0 \\ -1 \end{pmatrix} = -|1\rangle \tag{A.15}$$

(A.14) と (A.15) から, X はビットを反転し, Z は $|1\rangle$ の位相を反転するゲートであることが分かります。すなわち X は NOT ゲートとしてはたらき, Z は位相ゲートと呼ばれます。

アダマールゲート

よく使われる演算子（ゲート）として, **アダマール**（Hadamard[3]）演算子（アダマールゲート）があります。アダマールゲートは, 量子ビットを, **図A.3** に示した軸（xz 平面内 で x 軸, z 軸と $45°$ の角度をなす軸）の回りに $180°$ 回転させる演算子です。

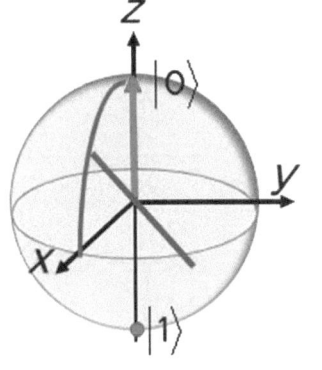

図A.3　アダマールゲートを定義する回転軸

アダマールゲート H を行列で表すと次のようになります。

$$H \equiv \frac{1}{\sqrt{2}} \begin{pmatrix} 1 & 1 \\ 1 & -1 \end{pmatrix} = \frac{1}{\sqrt{2}}(X + Z) \tag{A.16}$$

※3　Jacques S. Hadamard（仏，1865-1963）数学者。素数定理の証明などで知られています。

定義から分かるように，H をもう一度演算させると元に戻ります（$H^2 = I$ です）。

$$H^2 = \left(\frac{1}{\sqrt{2}}\right)^2 \begin{pmatrix} 1 & 1 \\ 1 & -1 \end{pmatrix} \begin{pmatrix} 1 & 1 \\ 1 & -1 \end{pmatrix} = \begin{pmatrix} 1 & 0 \\ 0 & 1 \end{pmatrix} \equiv I \qquad \text{(A.17)}$$

H を $|0\rangle$ と $|1\rangle$ に演算すると次のようになります。

$$H|0\rangle = \frac{1}{\sqrt{2}} \begin{pmatrix} 1 & 1 \\ 1 & -1 \end{pmatrix} \begin{pmatrix} 1 \\ 0 \end{pmatrix} = \frac{1}{\sqrt{2}} \begin{pmatrix} 1 \\ 1 \end{pmatrix} = \frac{1}{\sqrt{2}}(|0\rangle + |1\rangle) \equiv |+\rangle$$

$$\text{(A.18)}$$

$$H|1\rangle = \frac{1}{\sqrt{2}} \begin{pmatrix} 1 & 1 \\ 1 & -1 \end{pmatrix} \begin{pmatrix} 0 \\ 1 \end{pmatrix} = \frac{1}{\sqrt{2}} \begin{pmatrix} 1 \\ -1 \end{pmatrix} = \frac{1}{\sqrt{2}}(|0\rangle - |1\rangle) \equiv |-\rangle$$

$$\text{(A.19)}$$

X ゲートを状態 $|\pm\rangle$ に通すと次のようになります。

$$X|\pm\rangle = \pm|\pm\rangle \quad \text{（複号同順）} \qquad \text{(A.20)}$$

問題 A.3 X ゲートと状態 $|\pm\rangle$

(A.20) を示しなさい。 ♡

(A.20) から，次の対応が成り立つことが分かります。

$$Z|0\rangle = |0\rangle \leftrightarrow X|+\rangle = |+\rangle, \quad Z|1\rangle = -|1\rangle \leftrightarrow X|-\rangle = -|-\rangle \qquad \text{(A.21)}$$

すなわち，X ゲートと $|\pm\rangle$ の関係は，Z ゲートと $|0\rangle$，$|1\rangle$ の関係に対応しているのです。（量子吹き矢（2.1.2 節）の例で言えば，Z ゲートは上向きの筒，X ゲートは横向きの筒，$|0\rangle$ と $|1\rangle$ は上向きと下向きの矢，$|\pm\rangle$ は右向きと左向きの矢に対応します。）

アダマールゲートと軸の周りの回転

上向きの状態（$|0\rangle$）を図 A.3 のように定義された回転軸の周りに 180° 回転させると，向きが $+x$ 軸方向になることを実際に確かめてみましょう。

例えば，物差しを水平から 45° 傾けて持ち，そこにボールペンなどを上向

きに固定します（**図** A.4（a））。そして，物差しをその場で 180° 回転させて（裏返して）みます。するとボールペンは水平（図 A.3 では $+x$ 方向）になるのです（図 A.4（b））。この状態は (A.18) に対応します。さらに 180° 回転させると，また上向きに戻ります（$H^2 = I$ に対応します）。

ボールペンを下向きに取りつければ，ボールペンは水平逆向き（図 A.3 では $-x$ 方向）になり，(A.19) に対応する状態が得られます。

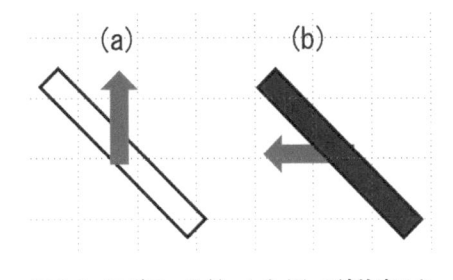

図 A.4　アダマールゲートを $|0\rangle$ に演算すると

S ゲートと T ゲート

量子ゲートとしてよく使われる S ゲート（位相ゲートとも言うが Z ゲートと紛らわしい）と T ゲート（$\frac{\pi}{8}$ ゲート）も定義しておきましょう。

$$S \equiv \begin{pmatrix} 1 & 0 \\ 0 & i \end{pmatrix} \tag{A.22}$$

$$T \equiv e^{i\pi/8} \begin{pmatrix} e^{-i\pi/8} & 0 \\ 0 & e^{i\pi/8} \end{pmatrix} = \begin{pmatrix} 1 & 0 \\ 0 & e^{i\pi/4} \end{pmatrix} = \begin{pmatrix} 1 & 0 \\ 0 & \frac{1+i}{\sqrt{2}} \end{pmatrix} \tag{A.23}$$

問題 A.4　T^2 と S^2

$T^2 = S$ と $S^2 = Z$（すなわち，$T = \sqrt{S}$, $S = \sqrt{Z}$）を示しなさい。　♡

ユニタリゲート

1 量子ビットに演算する一般の演算子（ゲート）U を，次のように定義します。

$$U = \begin{pmatrix} U_{11} & U_{12} \\ U_{21} & U_{22} \end{pmatrix} \tag{A.24}$$

確率を保存するため，行列は**ユニタリ行列**（unitary matrix）でなければなりません。すなわち

$$|U|\psi\rangle|^2 = \langle \psi^* | U^\dagger U | \psi \rangle = 1 \tag{A.25}$$

より

$$U^\dagger = U^{-1} \tag{A.26}$$

を満たします。ここで，$U^\dagger$（U-dagger）は転置行列の複素共役をとった行列，U^{-1}（U-inverse）は逆行列で，それぞれ次のように定義されます。

$$U^\dagger \equiv \begin{pmatrix} U_{11}^* & U_{21}^* \\ U_{12}^* & U_{22}^* \end{pmatrix} \tag{A.27}$$

$$U^{-1} \equiv \frac{1}{U_{11}U_{22} - U_{12}U_{21}} \begin{pmatrix} U_{22} & -U_{12} \\ -U_{21} & U_{11} \end{pmatrix} \tag{A.28}$$

(A.28) で分母は U の行列式（determinant）で，ユニタリ行列では行列式の絶対値は 1 です。

問題 A.5　ユニタリ行列の行列式の絶対値

ユニタリ行列の行列式の絶対値が 1 であることを示しなさい。ヒント：行列 A の行列式を $\det A$ と書くと，$\det(AB) = (\det A)(\det B)$ が成り立ちます。また，$\det A^\dagger = (\det A)^*$ です。　　　　　　♡

上記のパウリゲート，アダマールゲート，S ゲート，T ゲートはすべてユニタリ行列であることが分かります。すなわち，**量子ゲートは必ずユニタリゲートでなければなりません。**

問題 A.6　ユニタリ行列の一般形

α, β を複素数とするとき，次の行列はユニタリであることを確かめなさい。

$$U = \begin{pmatrix} \alpha & \beta \\ -\beta^* & \alpha^* \end{pmatrix}, \quad |\alpha|^2 + |\beta|^2 = 1 \tag{A.29}$$

((A.29) は 2 行 2 列のユニタリ行列の一般形です。)   ♡

問題 A.7　　**一般のユニタリ行列とパウリ行列**

　一般のユニタリ行列 (A.29) は，パウリ行列 X, Y, Z と恒等行列 I の和として，次のように表されることを確かめなさい。ただし，a, b, c, d は，$a^2 + b^2 + c^2 + d^2 = 1$ を満たす任意の実数です。

$$U = iaX + ibY + icZ + dI \tag{A.30}$$

ヒント：(A.29) において，α と β を a, b, c, d を用いて表せばよいのです。♡

例題 A.1　　**重ね合わせ状態の連続的なずれとショアの量子誤り訂正**

　例題 5.4 での説明，「ショアの量子誤り訂正量子回路が，重ね合わせ状態の連続的なずれも訂正できる」ことを示しなさい。

解答例　　任意の誤り E は，2 行 2 列の行列として表され，一般に

$$E = \alpha_I I + \alpha_X X + \alpha_{XZ} XZ + \alpha_Z Z \tag{A.31}$$

と書けます。ここで，$Y = iXZ$ なので Y を XZ に置き換えました。$\alpha_I, \alpha_X, \alpha_{XZ}, \alpha_Z$ は任意の複素数です（ただし，E がユニタリ行列であるという条件を満たす必要があります）。

　誤りは，誤り無しは I，ビット反転は X，位相反転は Z，ビット反転と位相反転は XZ のどれか 1 つに帰着され，誤りを検出・訂正したとたんに「波束の収縮」が起こって，その係数だけが 1 になってしまうのです。すなわち，連続的な誤りがデジタル化するという，量子力学の不思議が起こるのです（文献 [嶋田，宮野，ニールセン]）。   ◇

行列とベクトルの積

　U を (A.2) で定義した量子ビット $|\psi\rangle$ に演算すると，

$$U|\psi\rangle = \begin{pmatrix} U_{11} & U_{12} \\ U_{21} & U_{22} \end{pmatrix} \begin{pmatrix} \alpha \\ \beta \end{pmatrix} = \begin{pmatrix} U_{11}\alpha + U_{12}\beta \\ U_{21}\alpha + U_{22}\beta \end{pmatrix} \tag{A.32}$$

となります。

行列と行列の積

(A.24) と同様に 2 行 2 列の行列 V を定義すると，U と V の積は次のように定義されます。

$$UV = \begin{pmatrix} U_{11} & U_{12} \\ U_{21} & U_{22} \end{pmatrix} \begin{pmatrix} V_{11} & V_{12} \\ V_{21} & V_{22} \end{pmatrix}$$
$$= \begin{pmatrix} U_{11}V_{11} + U_{12}V_{21} & U_{11}V_{12} + U_{12}V_{22} \\ U_{21}V_{11} + U_{22}V_{21} & U_{21}V_{12} + U_{22}V_{22} \end{pmatrix} \tag{A.33}$$

エルミートゲート

ある演算子 F と状態 $|\psi\rangle$ について，f を複素数として，

$$F|\psi\rangle = f|\psi\rangle \tag{A.34}$$

が成り立つとします。このとき，「f は状態 $|\psi\rangle$ に対する演算子 F の**固有値**である」と言います。

もし F が

$$F = F^{\dagger} \tag{A.35}$$

を満たすとき，F はエルミート演算子（エルミートゲート，hermitian gate）であると言います。パウリゲートやアダマールゲートは，明らかにエルミートゲートです。すなわち，

$$X = X^{\dagger}, \quad Y = Y^{\dagger}, \quad Z = Z^{\dagger}, \quad H = H^{\dagger} \tag{A.36}$$

が成り立ちます。

問題 A.8　エルミート演算子の固有値

エルミート演算子の固有値は実数，つまり，観測可能な量（observable）であることを示しなさい。　　　　　　　　　　　　　　　　　　　　　　♡

x, y, z 軸の周りの回転演算子と X, Y, Z, S, T

x, y, z 軸の周りに任意の角度 θ だけ反時計回りに回転したときの演算子

$R_x(\theta), R_y(\theta), R_z(\theta)$ は,

$$R_x(\theta) \equiv e^{-i\frac{\theta}{2}X} = \cos\left(\frac{\theta}{2}\right)I - i\sin\left(\frac{\theta}{2}\right)X = \begin{pmatrix} \cos\left(\frac{\theta}{2}\right) & -i\sin\left(\frac{\theta}{2}\right) \\ -i\sin\left(\frac{\theta}{2}\right) & \cos\left(\frac{\theta}{2}\right) \end{pmatrix}$$

$$R_y(\theta) \equiv e^{-i\frac{\theta}{2}Y} = \cos\left(\frac{\theta}{2}\right)I - i\sin\left(\frac{\theta}{2}\right)Y = \begin{pmatrix} \cos\left(\frac{\theta}{2}\right) & -\sin\left(\frac{\theta}{2}\right) \\ \sin\left(\frac{\theta}{2}\right) & \cos\left(\frac{\theta}{2}\right) \end{pmatrix}$$

$$R_z(\theta) \equiv e^{-i\frac{\theta}{2}Z} = \cos\left(\frac{\theta}{2}\right)I - i\sin\left(\frac{\theta}{2}\right)Z = \begin{pmatrix} e^{-i\theta/2} & 0 \\ 0 & e^{i\theta/2} \end{pmatrix} \tag{A.37}$$

と表されます.

問題 A.9 **(A.37) の導出**

(A.37) が成り立つことを示しなさい. ヒント: 両辺をテイラー展開し, (A.13) を使いなさい. ♡

(A.37) から, $R_x(\theta), R_y(\theta), R_z(\theta)$ は, 1 回転 ($\theta = 2\pi$) では

$$R_x(2\pi) = R_y(2\pi) = R_z(2\pi) = \begin{pmatrix} -1 & 0 \\ 0 & -1 \end{pmatrix} \tag{A.38}$$

となって元に戻らず ($R_x(2\pi) \neq R_x(0)$ など), 2 回転 ($\theta = 4\pi$) で初めて元に戻る ($R_x(4\pi) = R_x(0) \equiv I$ など) ことが分かります. 量子ビットやスピン $\frac{1}{2}$ は, このように, 2 回転して初めて元に戻るのです.

問題 A.10 **2 回ひねりの鉢巻が平行移動で元に戻る**

紅白の鉢巻 (など) の上端を固定して鉛直につるし, 下にボールペン (など) を水平に取り付けます. ボールペンを水平に 2 回転させてねじれさせます. この鉢巻を, ボールペンを回転させることなく上下左右に平行移動させると, ねじれがとれることを確かめなさい. また, 1 回転のねじれは平行移動ではとれないことも確かめなさい. ♡

(A.12), (A.23) と (A.37) の定義式から, ゲート X, Y, Z, S, T は, $R_x(\theta),$ $R_y(\theta), R_z(\theta)$ と次のような関係があることが分かります.

$$X = iR_x(\pi), \ Y = iR_y(\pi), \ Z = iR_z(\pi),$$
$$S = e^{i\pi/4}R_z\left(\frac{\pi}{2}\right), \ T = e^{i\pi/8}R_z\left(\frac{\pi}{4}\right) \tag{A.39}$$

すなわち，X は x 軸の周りに $180°$ 回転する演算子であり，Y，Z も同様です。また，S，T は，z 軸の周りに反時計回りに，$90°$ 回転，$45°$ 回転する演算子です。

ケットベクトルとブラベクトルの積

(A.4) で定義したケットベクトル $|\psi_2\rangle$ とブラベクトル $\langle\psi_1|$ の積は

$$|\psi_2\rangle\langle\psi_1| = \begin{pmatrix} \alpha_2 \\ \beta_2 \end{pmatrix}(\alpha_1^*, \beta_1^*) = \begin{pmatrix} \alpha_2\alpha_1^* & \alpha_2\beta_1^* \\ \beta_2\alpha_1^* & \beta_2\beta_1^* \end{pmatrix} \tag{A.40}$$

となり，2 行 2 列の行列（演算子，ゲート）になります。

例えば $|0\rangle\langle0|$ を $|\psi\rangle$（(A.2)）に演算すると

$$|0\rangle\langle0|\psi\rangle = \begin{pmatrix} 1 & 0 \\ 0 & 0 \end{pmatrix}\begin{pmatrix} \alpha \\ \beta \end{pmatrix} = \begin{pmatrix} \alpha \\ 0 \end{pmatrix} = \alpha|0\rangle \tag{A.41}$$

となり，状態 $|0\rangle$ に射影します。このような演算子を，**射影演算子**と呼びます。

問題 A.11 X ゲートと Z ゲートを射影演算子で表す

X ゲートと Z ゲートを $|0\rangle\langle0|,\ |0\rangle\langle1|,\ |1\rangle\langle0|,\ |1\rangle\langle1|$ を用いて表しなさい。

♡

クリフォードゲートと非クリフォードゲート

ここで，クリフォード（Clifford）ゲートを定義します。一般のゲート（ユニタリゲート）を U とし，P と P' をパウリゲートとして，次の関係式を満たすゲートをクリフォードゲート，満たさないゲートを非クリフォードゲートと定義します。ただし，任意の符号 η（$\eta = \pm1$）がつくことは許します。

$$UPU^\dagger = \eta P' \tag{A.42}$$

(A.42) の関係は，状態 $|\psi\rangle \to U|\psi\rangle$ の変換で，パウリゲートがパウリゲート

以外にはならないことを保証します。すなわち，$\langle\psi|P|\psi\rangle \to \langle\psi|U^\dagger P U|\psi\rangle = \langle\psi|\eta P'|\psi\rangle$ となります。（(A.42) は，全体の $\dagger$ を取った式も成り立ちます。）H と S はクリフォードゲートですが，T は非クリフォードゲートです。

問題 A.12 H, S はクリフォードゲート

次の式が成り立つことを示しなさい。

$$HXH = Z, \quad HYH = Y, \quad HZH = X$$
$$SXS^\dagger = Y, \quad SYS^\dagger = -X, \quad SZS^\dagger = Z \tag{A.43}$$

♡

問題 A.13 T は非クリフォードゲート

T は非クリフォードゲートであることを示しなさい。　　　　♡

なぜクリフォードゲートや非クリフォードゲートの区別が大事なのでしょうか。実は，クリフォードゲートだけによる演算では，任意の 1 量子ゲートが作れないことが知られています。任意の 1 量子ゲートを作るためには，少なくとも 1 個の非クリフォードゲートが必要なのです。

T が非クリフォードゲートである理由は，(A.23) に見るように無理数が含まれているからです。無理数を含む回転ゲートがあれば，ブロッホ球面上（A.1.2 節）の任意の状態が作れるからです。

また，クリフォードゲートだけによる演算は，古典コンピュータで効率的にシミュレートできてしまうという定理があります（ゴッテスマン・クニル（Gottesman-Knill）の定理）。すなわち，量子コンピュータが古典コンピュータと明白に異なるためには，非クリフォードゲートが多数含まれている必要があるのです。少数の非クリフォードゲートでは，古典コンピュータで近似的にシミュレートできてしまうからです。

A.1.4 ラビ振動

初期状態 $|0\rangle$ に，$|0\rangle$ と $|1\rangle$ のエネルギー差に対応する振動数の光を時間 t だけ照射することを考えます。すると，状態は図 5.9 のように，2 つのエネ

ルギーレベル間を行ったり来たりの振動をします（ラビ振動，5.3.1 節）。

ラビ振動は，1 量子ビットに演算する次のような位相回転ゲートと考えることができます（文献 [早坂]）。

$$
\begin{pmatrix}
\cos\left(\frac{\Omega t}{2}\right) & -ie^{i\phi}\sin\left(\frac{\Omega t}{2}\right) \\
-ie^{-i\phi}\sin\left(\frac{\Omega t}{2}\right) & \cos\left(\frac{\Omega t}{2}\right)
\end{pmatrix}
\tag{A.44}
$$

ここで，Ω はラビ周波数（ラビ振動数）と呼ばれ，ϕ は時刻 $t=0$ での光の位相です。

A.2 ２量子ビットの状態，２量子ゲート，量子複製不可能定理，量子テレポーテーション

量子コンピュータで演算を行うには，多数の量子ビットが必要となり，それらの重ね合わせ状態やもつれ合い状態を作る必要があります。また，少なくとも２個の量子ビット間の演算が必要になります。

まずは２個の量子ビットや演算の数式について考察しましょう。続いて，量子複製不可能定理を証明します。最後に，量子複製不可能定理にもかかわらず任意の重ね合わせ状態が送受信できる量子テレポーテーションについて説明します。

A.2.1 ２量子ビットの直積状態

２つの量子ビット

$$
|\psi_1\rangle = \alpha_1|0\rangle + \beta_1|1\rangle = \begin{pmatrix} \alpha_1 \\ \beta_1 \end{pmatrix}, \quad |\psi_2\rangle = \alpha_2|0\rangle + \beta_2|1\rangle = \begin{pmatrix} \alpha_2 \\ \beta_2 \end{pmatrix} \tag{A.45}
$$

が独立に存在する（もつれ合っていない）ときの状態を考えます。この状態は２つの量子ビットの**直積**（記号 $\otimes$）で表されます。

$$
\begin{aligned}
|\psi_1\rangle \otimes |\psi_2\rangle &\equiv |\psi_1\rangle|\psi_2\rangle \equiv |\psi_1\psi_2\rangle \\
&= (\alpha_1|0\rangle + \beta_1|1\rangle) \otimes (\alpha_2|0\rangle + \beta_2|1\rangle)
\end{aligned}
\tag{A.46}
$$

$$= \alpha_1\alpha_2|00\rangle + \alpha_1\beta_2|01\rangle + \beta_1\alpha_2|10\rangle + \beta_1\beta_2|11\rangle$$

$$= \begin{pmatrix} \alpha_1\alpha_2 \\ \alpha_1\beta_2 \\ \beta_1\alpha_2 \\ \beta_1\beta_2 \end{pmatrix} \begin{matrix} \leftarrow |00\rangle \\ \leftarrow |01\rangle \\ \leftarrow |10\rangle \\ \leftarrow |11\rangle \end{matrix} \tag{A.47}$$

すなわち，2 量子ビット状態は 4 行 1 列のベクトルとして表され，2 進法では $|00\rangle$, $|01\rangle$, $|10\rangle$, $|11\rangle$ （10 進法では $|0)$, $|1)$, $|2)$, $|3)$）の 4 つの状態の重ね合わせとなります[※4]。すなわち，(A.47) のベクトルの 1 行目は $|00\rangle$ の係数（確率振幅），2 行目は $|01\rangle$ の係数，以下同様を表します。

A.2.2　2 量子ゲート

2 量子ビット状態に演算するゲートは 4 行 4 列の行列となります。ここでは，制御 Z ゲート（CZ ゲート）と制御 NOT ゲート（$CNOT$ ゲート）を定義します。制御 Z ゲートは，制御ビットと標的ビットがともに $|1\rangle$ のときだけ標的ビットの符号を反転させます。一方，制御 NOT ゲートは，制御ビットが $|1\rangle$ のときだけ標的ビットを反転させます。（NOT ゲートは X ゲートなので，$CNOT$ ゲートは CX ゲートそのものです。）

CZ ゲートと $CNOT$ ゲートは，4 行 4 列の行列として次のように表されます。

$$CZ \equiv \begin{pmatrix} 1 & 0 & 0 & 0 \\ 0 & 1 & 0 & 0 \\ 0 & 0 & 1 & 0 \\ 0 & 0 & 0 & -1 \end{pmatrix}, \quad CNOT \equiv \begin{pmatrix} 1 & 0 & 0 & 0 \\ 0 & 1 & 0 & 0 \\ 0 & 0 & 0 & 1 \\ 0 & 0 & 1 & 0 \end{pmatrix} \tag{A.48}$$

CZ ゲートを (A.47) に演算してみると，

[※4]　2 進法と 10 進法の区別のため，文献 [細谷] の記号を使用します（2.2.3 節参照）。

$$CZ|\psi_1\psi_2\rangle = \begin{pmatrix} 1 & 0 & 0 & 0 \\ 0 & 1 & 0 & 0 \\ 0 & 0 & 1 & 0 \\ 0 & 0 & 0 & -1 \end{pmatrix} \begin{pmatrix} \alpha_1\alpha_2 \\ \alpha_1\beta_2 \\ \beta_1\alpha_2 \\ \beta_1\beta_2 \end{pmatrix}$$

$$= \begin{pmatrix} \alpha_1\alpha_2 \\ \alpha_1\beta_2 \\ \beta_1\alpha_2 \\ -\beta_1\beta_2 \end{pmatrix} \tag{A.49}$$

となって，第 4 行の符号が逆転します。この状態は，一般には 2 つの 1 量子ビットの直積としては表されません。すなわち，この状態はもつれ合い状態（EPR 相関状態）となっているのです。

次に，$CNOT$ ゲートを (A.47) に演算してみると，

$$CNOT|\psi_1\psi_2\rangle = \begin{pmatrix} 1 & 0 & 0 & 0 \\ 0 & 1 & 0 & 0 \\ 0 & 0 & 0 & 1 \\ 0 & 0 & 1 & 0 \end{pmatrix} \begin{pmatrix} \alpha_1\alpha_2 \\ \alpha_1\beta_2 \\ \beta_1\alpha_2 \\ \beta_1\beta_2 \end{pmatrix} = \begin{pmatrix} \alpha_1\alpha_2 \\ \alpha_1\beta_2 \\ \beta_1\beta_2 \\ \beta_1\alpha_2 \end{pmatrix} \tag{A.50}$$

となって，第 3 行と第 4 行が入れ替わります。(A.50) の状態も一般にはもつれ合い状態となり，2 つの量子ビットの直積としては表せません。(A.49) も (A.50) ももう一度 CZ ゲートや $CNOT$ ゲートを通すと元に戻り，もつれ合い状態は解消されます（$CZ^2 = CNOT^2 = I$ より）。

万能ゲート

任意の 1 量子ゲート U と 2 量子ゲート $CNOT$ は，万能ゲートを成すことが知られています。さらに，ソロベイ・キタエフ（Solovay-Kitaev）の定理によって，U は十分な精度で H と T に置き換えることができます（T は非クリフォードゲートであることに注意）。それで，H, T, $CNOT$ のセットが万能ゲートとなります（文献 [嶋田]）。

A.2.3　量子複製不可能定理

ここで量子複製不可能定理（no-cloning theorem）の証明をします。量子複製不可能定理によると，$|0\rangle$ と $|1\rangle$ の重ね合わせ状態はコピーできません。

もし，重ね合わせ状態 (A.2) が演算子 C によってコピーできたとすると，

$$
\begin{aligned}
C\left(\alpha|0\rangle + \beta|1\rangle\right) \otimes |0\rangle &= \left(\alpha|0\rangle + \beta|1\rangle\right) \otimes \left(\alpha|0\rangle + \beta|1\rangle\right) \\
&= \alpha^2|00\rangle + \alpha\beta(|01\rangle + |10\rangle) + \beta^2|11\rangle \quad \text{(A.51)}
\end{aligned}
$$

となるはずです。ところが，

$$
\begin{aligned}
C\left(\alpha|0\rangle + \beta|1\rangle\right) \otimes |0\rangle &= C\left(\alpha|0\rangle \otimes |0\rangle + \beta|1\rangle \otimes |0\rangle\right) \\
&= \alpha|0\rangle \otimes \alpha|0\rangle + \beta|1\rangle \otimes \beta|1\rangle \\
&= \alpha^2|00\rangle + \beta^2|11\rangle \quad \text{(A.52)}
\end{aligned}
$$

となります。(A.51) とは，$\alpha = 0$ または $\beta = 0$ のとき以外は一致しません。したがって，一般の重ね合わせ状態はコピーできません。

A.2.4　量子テレポーテーション

量子複製不可能定理の存在にもかかわらず，重ね合わせ状態を送受信する技術が量子テレポーテーションです（文献 [宮野]）。3 個の量子ビットを用いますが，量子複製不可能定理に関連してここで説明します。

量子情報の世界では，送信者を A（Alice，アリス），受信者を B（Bob，ボブ）とする習慣なので，ここでもそうすることにします。アリスは，送信したい状態 $|\psi\rangle$ を第 1 量子ビットにし，第 2，第 3 量子ビットを $|0\rangle$ に初期化して，**図 A.5** の量子回路を通します。図 A.5 の（1）で第 2 と第 3 量子ビットはもつれ合い状態（EPR 相関状態，ベル状態）の光子対として生成され，第 3 量子ビットがボブに送信されます。（図 A.5 の 2 番目の $CNOT$ ゲートは，2 番目の量子ビットの代わりに 3 番目の量子ビットを標的ビットとしても同じ結果を得ます。）

すると，ボブが受信した第 3 ビットは状態 $|\psi\rangle$ になっているのです。その理由は，図 A.5 の（1）〜（4）の状態を追うと次のようになるからです。

$$状態（1）= (\alpha|0\rangle + \beta|1\rangle) \otimes \frac{1}{\sqrt{2}}(|00\rangle + |11\rangle)$$

$$状態（2）= \frac{1}{\sqrt{2}}\left[\alpha|0\rangle \otimes (|00\rangle + |11\rangle) + \beta|1\rangle \otimes (|10\rangle + |01\rangle)\right]$$

$$= \frac{1}{\sqrt{2}}\left[\alpha|0\rangle \otimes (|00\rangle + |11\rangle) + \beta|1\rangle \otimes (|01\rangle + |10\rangle)\right]$$

$$状態（3）= \frac{1}{2}\left[\alpha(|0\rangle + |1\rangle) \otimes (|00\rangle + |11\rangle) + \beta(|0\rangle - |1\rangle) \otimes (|01\rangle + |10\rangle)\right]$$

$$= \frac{1}{2}\left[|00\rangle \otimes (\alpha|0\rangle + \beta|1\rangle) + |01\rangle \otimes (\alpha|1\rangle + \beta|0\rangle)\right.$$

$$\left. + |10\rangle \otimes (\alpha|0\rangle - \beta|1\rangle) + |11\rangle \otimes (\alpha|1\rangle - \beta|0\rangle)\right]$$

$$状態（4）= |+\rangle \otimes |+\rangle \otimes |\psi\rangle \tag{A.53}$$

すなわち，状態（3）において，第 1 と第 2 量子ビットが 0（つまり $|00\rangle$）のときには $|\psi\rangle$ がそのまま伝わることが分かります。第 2 量子ビットが 1 のときは $CNOT$（すなわち CX）ゲートで第 3 量子ビットをビット反転し，第 1 量子ビットが 1 のときは CZ ゲートにより第 3 量子ビットの位相を反転して $|\psi\rangle$ に戻しています。

問題 A.14　図 A.5 の最後の 2 つのゲートを実施しない場合

図 A.5 においてアリスは，最後の 2 つのゲートを通さずに第 3 量子ビットをボブに送信したとしましょう。そのときにはアリスは，第 1 と第 2 量子ビットを測定し，その結果を古典的通信でボブに伝えます。ボブは，その結果を聞いて，受信した第 3 量子ビットを正しく $|\psi\rangle$ に変換することができます。ボブは，具体的にどのようにすればよいのでしょうか。　　　　♡

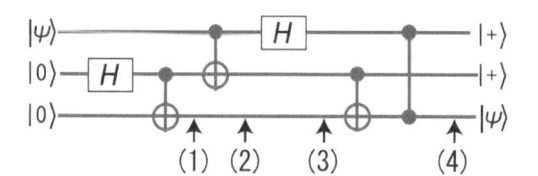

図 A.5　量子テレポーテーションの量子回路図（図 5.8 再掲，（1）～（4）を追加）

次に量子ビットが3個ある状態について考えます。

A.3.1 3量子ビットの直積状態

3つの量子ビット

$$|\psi_j\rangle = \alpha_j|0\rangle + \beta_j|1\rangle = \begin{pmatrix} \alpha_j \\ \beta_j \end{pmatrix}, \quad (j = 1, 2, 3) \tag{A.54}$$

が独立に存在する（もつれ合っていない）ときの状態は，3つの量子ビットの直積で表されます。

$$
\begin{aligned}
|\psi_1\rangle \otimes |\psi_2\rangle \otimes |\psi_3\rangle &\equiv |\psi_1\rangle|\psi_2\rangle|\psi_3\rangle \equiv |\psi_1\psi_2\psi_3\rangle \\
&= (\alpha_1|0\rangle + \beta_1|1\rangle) \otimes (\alpha_2|0\rangle + \beta_2|1\rangle) \otimes (\alpha_3|0\rangle + \beta_3|1\rangle) \\
&= \alpha_1\alpha_2\alpha_3|000\rangle + \alpha_1\alpha_2\beta_3|001\rangle + \cdots + \beta_1\beta_2\beta_3|111\rangle \\
&= \begin{pmatrix} \alpha_1\alpha_2\alpha_3 \\ \alpha_1\alpha_2\beta_3 \\ \vdots \\ \beta_1\beta_2\beta_3 \end{pmatrix} \quad \begin{matrix} \leftarrow |000\rangle \\ \leftarrow |001\rangle \\ \vdots \\ \leftarrow |111\rangle \end{matrix}
\end{aligned}
\tag{A.55}
$$

すなわち，3量子ビット状態は8行1列のベクトルとして表され，2進法では $|000\rangle$, $|001\rangle$, $\cdots$, $|111\rangle$ （10進法では $|0\rangle$, $|1\rangle$, $\cdots$, $|7\rangle$）の8つの状態の重ね合わせとなります。つまり，量子ビットが1個増えるごとに状態の数は2倍になります。

A.3.2 トフォリ（$CCNOT$）ゲート

トフォリゲート（$CCNOT$ ゲート）は，8行8列の行列として次のように表されます。

$$CCNOT = \begin{pmatrix} 1 & 0 & 0 & 0 & 0 & 0 & 0 & 0 \\ 0 & 1 & 0 & 0 & 0 & 0 & 0 & 0 \\ 0 & 0 & 1 & 0 & 0 & 0 & 0 & 0 \\ 0 & 0 & 0 & 1 & 0 & 0 & 0 & 0 \\ 0 & 0 & 0 & 0 & 1 & 0 & 0 & 0 \\ 0 & 0 & 0 & 0 & 0 & 1 & 0 & 0 \\ 0 & 0 & 0 & 0 & 0 & 0 & 0 & 1 \\ 0 & 0 & 0 & 0 & 0 & 0 & 1 & 0 \end{pmatrix} \tag{A.56}$$

トフォリゲートを 8 行 1 列のベクトルに演算すると，ベクトルの第 7 行目と第 8 行目を入れ替えることが分かります。

A.4 n 量子ビットの状態と n 量子ゲート

同様にして，n 量子ビットが独立に存在する（もつれ合っていない）ときの状態を考えます。

$$|\psi_j\rangle = \alpha_j|0\rangle + \beta_j|1\rangle = \begin{pmatrix} \alpha_j \\ \beta_j \end{pmatrix}, \quad (j = 1, 2, \cdots, n) \tag{A.57}$$

n 個の (A.57) の直積は

$$|\psi_1\rangle \otimes |\psi_2\rangle \otimes \cdots \otimes |\psi_n\rangle \equiv |\psi_1\rangle|\psi_2\rangle \cdots |\psi_n\rangle \equiv |\psi_1\psi_2\cdots\psi_n\rangle$$
$$= (\alpha_1|0\rangle + \beta_1|1\rangle) \otimes (\alpha_2|0\rangle + \beta_2|1\rangle) \otimes \cdots \otimes (\alpha_n|0\rangle + \beta_n|1\rangle)$$
$$= \alpha_1\alpha_2\cdots\alpha_n|00\cdots00\rangle + \alpha_1\cdots\alpha_{n-1}\beta_n|00\cdots01\rangle$$
$$+ \cdots + \beta_1\beta_2\cdots\beta_n|11\cdots11\rangle$$
$$= \begin{pmatrix} \alpha_1\alpha_2\cdots\alpha_n \\ \alpha_1\cdots\alpha_{n-1}\beta_n \\ \vdots \\ \beta_1\beta_2\cdots\beta_n \end{pmatrix} \begin{matrix} \leftarrow |00\cdots00\rangle \\ \leftarrow |00\cdots01\rangle \\ \vdots \\ \leftarrow |11\cdots11\rangle \end{matrix} \tag{A.58}$$

となります。すなわち，n 量子ビットの重ね合わせ状態は 2^n 行 1 列のベクト

ルとして表され，2進法では $|0\cdots00\rangle$, $|0\cdots01\rangle$, $\cdots$, $|1\cdots11\rangle$ （10進法では $|0\rangle$, $|1\rangle$, $|2\rangle$, $\cdots$, $|2^n-1\rangle$）の 2^n 個の状態の重ね合わせとなります。

この状態全体に演算する量子ゲートは，2^n 行 2^n 列のユニタリ行列となります。

例題 A.2　例題 3.2 および例題 3.8 の演算

例題 3.2 および例題 3.8 での演算（ゲート）が，ユニタリでないことを示しなさい。

解答例　例題 3.2 および例題 3.8 の演算子（ゲート）を F と書くと，F は N 行 N 列の行列です。オラクル関数 $f(x), x = 0, 1, \cdots, N-1$ において，

$$f(x) = \begin{cases} 1: & x = p \\ 0: & x \neq p \end{cases} \tag{A.59}$$

とすると，F_{pp} のみが1で，残りの行列要素は0となります。明らかに $F^\dagger = F$ なので，ユニタリ条件は $F^2 = I$ を満たすべきですが，F_{pp} だけが1なので，対角要素がすべて1である恒等演算子 I と等しくはなりません。したがって，提案された方法はユニタリ条件を満たさず，量子コンピュータでは許されません。（ただし，文献には非ユニタリゲートを用いる方法などが提案されています。しかしながら，その方法は確立されていないようです。）　　　　　　◇

n 量子ビットの任意の重ね合わせ状態 $|\psi\rangle_n$ は

$$|\psi\rangle_n = \sum_{j=0}^{2^n-1} \alpha_j'|j\rangle, \quad \sum_{j=0}^{2^n-1} |\alpha_j'|^2 = 1 \tag{A.60}$$

と書けます。状態 $|\psi\rangle_n$ の中の状態 $|j\rangle$ を観測する確率は，$|\alpha_j'|^2$ となります。したがって，正しい答えが状態 $|p\rangle$ の場合は，$|\alpha_p'|^2$ が1に近くなるような適切なアルゴリズムを開発する必要があるのです。

量子超越性の実証について

ここまで来てやっと，「Google グループが 2019 年に量子超越性を達成した」というその方法の概要が説明できます。グループは，53 量子ビットの

QPU シカモアを用いて，次のように「ランダム量子回路サンプリング」を行いました。

n 量子ビットについて，1 量子ビットに 1 量子ゲートを，または隣り合う 2 量子ビットに 2 量子ゲートをランダムに m 回演算し，その結果を測定して 1 つのビット列を得ます。それを繰り返すと，ビット列の分布が求まります。ビット列の分布は，干渉効果が効いて一様ではなく，ポーター・トーマス（Porter-Thomas）分布になります。この演算時間は最大 200 秒でした。

この分布をスーパーコンピュータで再現するために要する時間と 200 秒を比較して，量子超越性を示すことができたとの主張です。すなわち，スーパーコンピュータでは，n 量子ビットの量子ゲートは 2^n 行 2^n 列の行列になり，その行列をランダムに m 回演算することになって，n が増加すると指数関数的に時間がかかることになります。

量子超越性の達成の裏には，ランダム行列理論などの高度な数学の裏付けがあり，研究者たちのいろいろな提案がなされていて，Google グループはその 1 つを達成したと主張するのです。ただし，まだノイズ頻度が高すぎる状態であるため，「数学的に厳密な超越性証明がなされた」とは言えないようです。

A.5　表面符号による誤り訂正

量子ビットや演算の誤り訂正は，トポロジカル表面符号の導入により現実的になりました。ここではそのエッセンスを紹介します（文献 [徳永][※5]）。

A.5.1　表面符号

n 行 m 列の 2 次元格子上の nm 個の量子ビットを 1 つの表面符号とします。（トポロジカルについては A.5.4 節で説明します。）

図 A.6（a）は，11×7 の表面符号の例です。39 個の白丸はデータビット

※5　詳細は，図 A.6 の出典参照。

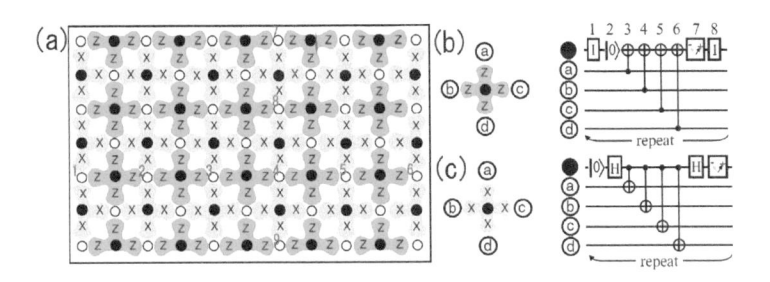

図 A.6 表面符号の例

出典：Austin G. Fowler, Surface codes: Towards practical large-scale quantum computation, Phys. Rev. A **86**, 032324, (2012)

で，全体で冗長化された 1 論理ビット $|0_L\rangle$ と $|1_L\rangle$ を作っています。いま論理ビットは，重ね合わせ状態 $|\psi_L\rangle = \alpha|0_L\rangle + \beta|1_L\rangle$ にあるとします。

この論理ビットに対する複数の検査演算子 M_j が存在して，誤りが無いときは $M_j|\psi_L\rangle = |\psi_L\rangle$ となっています。このような演算子を**スタビライザー演算子**と言います。誤りがあると，いくつかの M_j に対して $M_j|\psi_L\rangle = -|\psi_L\rangle$ となって，誤りが検出されます。

38 個の黒丸は Z または X の検査ビットを表し，それらを組み合わせてスタビライザー演算子を構成します。黒丸は，端部を除くと，4 個のデータビットに隣接しています。緑色十字の中の黒丸は，その上下左右のデータビットの Z を，黄色十字の中の黒丸は X を検査・測定します。

全検査ビットは，図 A.6 (b) や (c) のように，1〜8 の 8 ステップで 4 つのデータビットともつれ合い状態にして，絶えず一斉に検査・測定しています。図 A.6 (b) の I は恒等演算子であり，アダマールゲート H とタイミングを合わせるために入れてあります。

A.5.2　表面符号の初期設定

図 A.6 (b) や (c) の検査ビット $Z_a Z_b Z_c Z_d$ や $X_a X_b X_c X_d$ は，周りのデータビット a, b, c, d を，強制的にその演算の固有値にしています。表面符号は，このような演算によってスタビライズ（安定化）されます。このとき，図 A.6 (a) の中の全データビット（白丸）の状態 $|\psi_L\rangle$ は

$$Z_a Z_b Z_c Z_d |\psi_L\rangle = Z_{abcd}|\psi_L\rangle, \quad Z_{abcd} = \pm 1$$

$$X_a X_b X_c X_d |\psi_L\rangle = X_{abcd}|\psi_L\rangle, \quad X_{abcd} = \pm 1 \tag{A.61}$$

を満たしています。

A.5.3　1量子ビットの誤り訂正

　もし誤りがあるとその固有値の符号が変わるようになっていて，誤りが発見できます。例えば，データビット a が少し変化して

$$I_a + \epsilon Z_a, \ (\epsilon \ll 1) \tag{A.62}$$

の演算がはたらいたとしましょう。（I_a は恒等演算子で誤り無し，Z_a は位相変化を表します。）ほとんどの場合は I_a が測定されて変化無しですが，Z_a は $|\epsilon|^2$ の確率で起こります。このとき，$X_a Z_a = -Z_a X_a$ や $X_a Z_b = Z_b X_a$ などと (A.61) によって，

$$X_a X_b X_c X_d (Z_a|\psi_L\rangle) = -X_{abcd}(Z_a|\psi_L\rangle) \tag{A.63}$$

となり，符号が変わり，誤りが生じたことが分かります。同じことが，a を含む他の X 検査演算子で起こり，a に誤りが生じたことが分かります。Z 検査演算子には変化は無いので，位相変化が起きたことになります。その訂正は，直接訂正することもできますが，通常は，ソフトウェア上で行います。

　同様に，ビット反転（X 演算子）やビット反転・位相反転（XZ 演算子）による誤りも訂正できます。もちろん，2ヵ所以上で誤りが起きると，どのデータビットかの判断が一般につかなくなるので，誤り率が大きすぎないことが必要です。

A.5.4　表面符号を用いた誤り耐性計算

　誤りを訂正しつつ計算するには，論理ビットのまま，論理演算を行います。1量子論理ゲート X_L は，左右両端にデータビット（白丸）がある行で定義されます。図 A.6（a）では，例えば $1, 2, 3, 4, 5, 6$ のデータビットに X ゲー

トを施す演算で定義されます。また，1 量子論理ゲート Z_L は，上下両端に
データビット（白丸）がある列，例えば $7, 8, 4, 9$ のデータビットに Z ゲート
を施して得られます。

　図 A.6（a）のままでは，1 論理ビットしか存在しないので，検査量子ビッ
トのいくつかを取り除き，穴を作ります。すると，トポロジカルに複数の論
理ビットや論理ゲートを作ることができます。白丸の端から端を結ぶか，ま
たは穴の周りを 1 周すれば，X_L ゲートや Z_L ゲートができます。符号の冗
長性を大きくするには，表面符号のサイズを大きくして，穴のサイズと穴の
間隔も大きくします。こうして論理 $CNOT$ ゲートも作れますが，説明が込
み入っているので詳細を省きます。

付録 B 量子アルゴリズムの数式と量子回路

　量子ゲート方式コンピュータでは，せっかくの並列計算もアルゴリズム無しでは役に立ちません。ここでは，いくつかの量子アルゴリズムを数式を用いて解説します。まず，ドイチュの「コインの真偽判定問題」で量子アルゴリズムの不思議さに触れます。続いて，その拡張版であるドイチュ・ジョサ問題の数式について学びます。最後に，グローバーとショアの量子アルゴリズムを数式で解説します。

B.1 ドイチュの「コインの真偽判定問題」

　1985 年にドイチュは，量子コンピュータを用いた，役には立たないが興味深い問題を考えました。コインの真偽判定問題です。コイン（真のコイン）では，表と裏が区別できます。偽コインは表と裏が同じに作ってあるとします。古典的には，コインの真偽を知るために，当然のことながら，表と裏両方を確認する（2 回測定する）必要があります。ところがドイチュによると，量子コンピュータではたった 1 回の演算（測定）でコインの真偽が判定できるというのです。

B.1.1 コインの真偽判定問題のオラクル関数

　どうすればそんなことができるのでしょうか。そのためには，**オラクル関数** $f(x)$ が必要になります。x が 0 または 1 の値を取り，「$f(x) = 0$ または 1」であるとして，$f(x)$ を次のように定義します。

$$\text{コインが} \begin{cases} \text{真：} & f(0) \neq f(1) \\ \text{偽：} & f(0) = f(1) \end{cases} \tag{B.1}$$

B.1.2 コインの真偽判定問題の量子アルゴリズムと量子回路図

量子ビットとして，制御ビットと標的ビットの 2 個を用意します。判定ゲート U_f は，制御ビットの値が x のとき，標的ビットを $y \oplus f(x)$ とする演算を行います。ここで $\oplus$ は排他的論理和であり，次式が成り立ちます。

$$0 \oplus 0 = 0, \ 0 \oplus 1 = 1, \ 1 \oplus 0 = 1, \ 1 \oplus 1 = 0 \tag{B.2}$$

図 B.1 にドイチュの問題の量子回路図を示します。まず制御ビットを $|0\rangle$ に，標的ビットを $|1\rangle$ に初期化します。図 B.1 の (1) の状態（制御ビット，標的ビット両方にアダマールゲート H を通した後）は，次のような状態です。

$$
\begin{aligned}
\text{状態 (1)} &= \frac{1}{2} \left[(|0\rangle + |1\rangle) \otimes (|0\rangle - |1\rangle) \right] \\
&= \frac{1}{2} \left[|0\rangle \otimes (|0\rangle - |1\rangle) + |1\rangle \otimes (|0\rangle - |1\rangle) \right]
\end{aligned} \tag{B.3}
$$

これを判定ゲート U_f に通すと，(2) の状態は，次のようになります。

$$
\begin{aligned}
\text{状態 (2)} &= \frac{1}{2} \left[|0\rangle \otimes (|0 \oplus f(0)\rangle - |1 \oplus f(0)\rangle) + |1\rangle \otimes (|0 \oplus f(1)\rangle - |1 \oplus f(1)\rangle) \right] \\
&= \frac{1}{2} \left[|0\rangle \otimes \left(|f(0)\rangle - |\overline{f(0)}\rangle \right) + |1\rangle \otimes \left(|f(1)\rangle - |\overline{f(1)}\rangle \right) \right] \\
&= \begin{cases} \text{真：} |-\rangle \otimes \frac{1}{\sqrt{2}} \left(|f(0)\rangle - |\overline{f(0)}\rangle \right) \\ \text{偽：} |+\rangle \otimes \frac{1}{\sqrt{2}} \left(|f(0)\rangle - |\overline{f(0)}\rangle \right) \end{cases}
\end{aligned} \tag{B.4}
$$

ここで，次の関係を使いました。

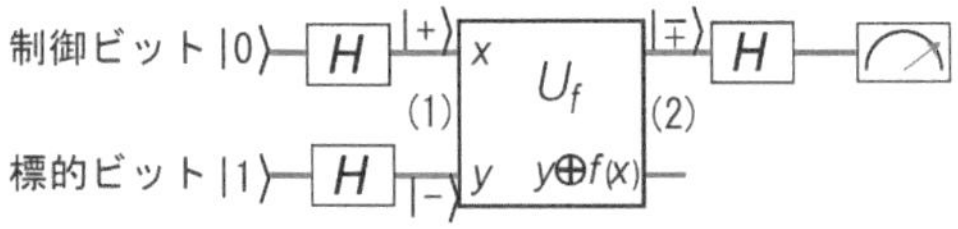

図 B.1　ドイチュの問題の量子回路図（図 5.14 再掲）

$$\text{コインが} \begin{cases} \text{真：} \overline{f(0)} = f(1), \ (f(0) = 0, f(1) = 1) \ \text{または} \ (f(0) = 1, f(1) = 0) \\ \text{偽：} \overline{f(0)} = \overline{f(1)}, \ (f(0) = f(1) = 0 \ \text{または} \ f(0) = f(1) = 1) \end{cases}$$

(B.5)

（2）の状態から制御ビットがアダマールゲート H を通ると

$$H|+\rangle = |0\rangle, \quad H|-\rangle = |1\rangle \tag{B.6}$$

なので，測定すると，真のときは 1，偽のときは 0 が得られます。

ドイチュのアルゴリズムでは，図 B.1 で見るように $f(x)$ は U_f で 1 回しか計算されていません。それなのにコインの真偽を判定できることは，量子コンピュータの不思議なところと感心せざるを得ません。

なぜ量子アルゴリズムではたった 1 回の計算で済むのでしょうか。そこに，量子ビットの重ね合わせ状態が活躍しているのです。すなわち，オラクル関数 $f(0)$ と $f(1)$ を同時に計算しているのです。ドイチュのアルゴリズムでは，その情報をうまく測定できるようにしています。

B.2　ドイチュ・ジョサ問題

ドイチュ問題は興味深いですが，量子コンピュータと古典コンピュータとは，計算の回数がたった 1 回か 2 回かの違いでした。1992 年，ドイチュとジョサは，量子ビットの数を n 個に拡張して，特殊な場合についてながら，量子コンピュータの威力を示しました。

B.2.1　ドイチュ・ジョサ問題のオラクル関数

ドイチュ・ジョサ問題のオラクル関数 $f(x)$ は $x = 0, 1, 2, \cdots, 2^n - 1$ に対し，「一定」または「均等」のどちらかであるとします。

$$f(x) = \begin{cases} \text{一定} \to \text{すべての } x \text{ に対して } f(x) = 0 \ (\text{または } 1) \\ \text{均等} \to \text{半分の } x \text{ に対して } f(x) = 0, \ \text{残りの半分の } x \text{ に対して } f(x) = 1 \end{cases}$$

(B.7)

古典コンピュータで一定か均等かを判断するには，$f(x)$ の値を最大 $2^{n-1}+1$

回求める必要があります。例えば 2^{n-1} 回ずっと 0 が続いた場合，次に 0 が出れば $f(x)$ は一定，1 が出たらやっと均等と分かります。もちろん運がよい場合は，たった 2 回で 0 と 1 が出て均等と判断できます。ドイチュ・ジョサアルゴリズムでは，たった 1 回の計算で済むのです。

B.2.2　ドイチュ・ジョサのアルゴリズムと量子回路図

ドイチュ・ジョサの問題の量子回路図を**図** B.2 に示します。n 個の量子ビットを $|0\rangle$ に，1 個の補助ビット（アンシラ）を $|1\rangle$ に初期化します。

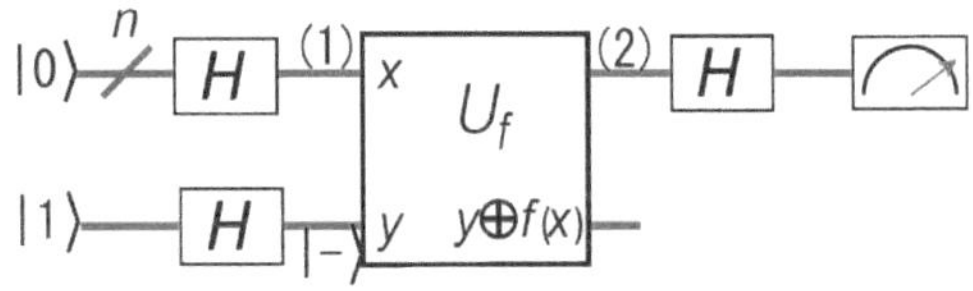

図 B.2　ドイチュ・ジョサ問題の量子回路図

状態（1）は次のように書けます。

$$\text{状態 (1)} = \frac{1}{\sqrt{2^n}} \sum_{a=0}^{2^n-1} |a\rangle \tag{B.8}$$

U_f ゲートを通した後の補助ビットは，各状態 $|a\rangle$ に対して

$$\frac{1}{\sqrt{2}} \left(|0 \oplus f(a)\rangle - |1 \oplus f(a)\rangle \right) = \begin{cases} |-\rangle : & f(a) = 0 \\ -|-\rangle : & f(a) = 1 \end{cases}$$
$$= (-1)^{f(a)} |-\rangle \tag{B.9}$$

となります。$(-1)^{f(a)}$ は 1 か -1 かの単なる数値なので，状態 $|a\rangle$ の方に符号を移してよいのです。つまり，アンシラビットは，状態 $|a\rangle$ へ符号 $(-1)^{f(a)}$ をキックバックしていることになります。したがって，状態（2）は次のようになります。

$$\text{状態 (2)} = \frac{1}{\sqrt{2^n}} \sum_{a=0}^{2^n-1} (-1)^{f(a)} |a\rangle \tag{B.10}$$

(B.10) において，$f(x)$ が一定のときは $f(a) = f(0)$ としてよく，$(-1)^{f(0)}$ は和の外に出てしまいます。すると n 個の量子ビットそれぞれの状態は $|+\rangle$ なので，アダマールゲート H の演算により全量子ビットが $|0\rangle$ に戻ります。したがって，n ビットの測定結果は 0 となります。

$f(x)$ が均等のときは，2^n 個の状態の係数に，0 にはならない係数（確率振幅）が必ずあります。すなわち，「一定」のときは全ビット列が 0 となり，「均等」のときは 0 でないビット列が観測され，たった 1 回の計算で「一定」と「均等」が区別できたことになります。

「$f(x)$ が均等のときに，0 にならない状態が必ずある」ことを次の例題で見てみましょう。

例題 B.1 **2 量子ビットでのドイチュ・ジョサ問題**
ドイチュ・ジョサ問題を 2 量子ビットの場合に考察しなさい。

解答例 図 B.2 で状態（2）の各量子ビットにアダマールゲート（第 0 量子ビットへの H を H_0，第 1 量子ビットへの H を H_1 とする）を通すと

$$\frac{1}{2} H_0 H_1 \sum_{a=0}^{3} (-1)^{f(a)} |a\rangle$$

$$= \frac{1}{2} H_0 H_1 \left((-1)^{f(0)} |00\rangle + (-1)^{f(1)} |01\rangle + (-1)^{f(2)} |10\rangle + (-1)^{f(3)} |11\rangle \right)$$

$$= (-1)^{f(0)} |++\rangle + (-1)^{f(1)} |+-\rangle + (-1)^{f(2)} |-+\rangle + (-1)^{f(3)} |--\rangle$$

$$= \frac{1}{2} \left[(-1)^{f(0)} (|0\rangle + |1\rangle)(|0\rangle + |1\rangle) + (-1)^{f(1)} (|0\rangle + |1\rangle)(|0\rangle - |1\rangle) \right.$$
$$\left. + (-1)^{f(2)} (|0\rangle - |1\rangle)(|0\rangle + |1\rangle) + (-1)^{f(3)} (|0\rangle - |1\rangle)(|0\rangle - |1\rangle) \right]$$

$$= \frac{1}{2} \left[\left((-1)^{f(0)} + (-1)^{f(1)} + (-1)^{f(2)} + (-1)^{f(3)} \right) |00\rangle \right.$$
$$+ \left((-1)^{f(0)} - (-1)^{f(1)} + (-1)^{f(2)} - (-1)^{f(3)} \right) |01\rangle$$
$$+ \left((-1)^{f(0)} + (-1)^{f(1)} - (-1)^{f(2)} - (-1)^{f(3)} \right) |10\rangle$$
$$\left. + \left((-1)^{f(0)} - (-1)^{f(1)} - (-1)^{f(2)} + (-1)^{f(3)} \right) |11\rangle \right] \tag{B.11}$$

となります。(B.11) を見ると，$f(x)$ が均等の場合，$|00\rangle$ の係数は 0 になり，$|01\rangle, |10\rangle, |11\rangle$ の係数に 0 ではないものが必ずあります。一方，$f(x)$ が一定

の場合は $|00\rangle$ 以外の係数は 0 になり，ビット列の測定結果は 0 となります。よって，$f(x)$ が均等の場合と一定の場合との区別がたった 1 回の計算でできることが分かります。　　　　　　　　　　　　　　　　　　　　　　◇

B.3　グローバーの量子探索アルゴリズム

　無秩序な大量の N 個のデータの中から目的のデータを高速に探索するグローバーの量子探索アルゴリズムの数式を見てみましょう。n 個の量子ビット（$2^n \geq N$）を $|0\rangle$ に初期化し，それぞれをアダマールゲートに通すと，係数（確率振幅）が等しい $|0\rangle, |1\rangle, \cdots, |2^n - 1\rangle$ の重ね合わせ状態ができます。そのうちの $|N-1\rangle$ までを用いて $|\psi_0\rangle$ とします。

　状態 $|p\rangle$ が目的の状態（オラクル関数が 1 を与える状態）であるとし，次のように置きます。（簡単のため，目的の状態は 1 個だけとします。）

$$|\psi_0\rangle \equiv \frac{1}{\sqrt{N}} \sum_{j=0}^{N-1} |j\rangle \equiv \cos\theta|a\rangle + \sin\theta|p\rangle \tag{B.12}$$

ここで (B.12) で $|a\rangle$ と $\cos\theta,\ \sin\theta$ は次のように定義しました。

$$|a\rangle \equiv \frac{1}{\sqrt{N-1}} \sum_{j=0;\ (j \neq p)}^{N-1} |j\rangle, \quad \cos\theta \equiv \sqrt{\frac{N-1}{N}}, \quad \sin\theta \equiv \sqrt{\frac{1}{N}} \tag{B.13}$$

$N \gg 1$ のとき

$$\theta \simeq \sqrt{\frac{1}{N}} \tag{B.14}$$

となります。

　まず目的の状態 $|p\rangle$ の係数（確率振幅）を次の N 行 N 列の演算子 U_p で反転します。

$$U_p \equiv I - 2|p\rangle\langle p| \tag{B.15}$$

ここで I は N 行 N 列の恒等演算子，$|p\rangle\langle p|$ は状態 $|p\rangle$ を射影する射影演算子です。

　$|\psi_0\rangle$ に U_p 演算子を演算した後，次に定義する演算子 D を演算します。

$$D \equiv \frac{2}{N} \begin{pmatrix} 1 & 1 & \cdots & 1 & 1 \\ 1 & 1 & \cdots & 1 & 1 \\ \vdots & \vdots & \cdots & \vdots & \vdots \\ 1 & 1 & \cdots & 1 & 1 \\ 1 & 1 & \cdots & 1 & 1 \end{pmatrix} - I$$

$$= \begin{pmatrix} -1 + \frac{2}{N} & \frac{2}{N} & \cdots & \frac{2}{N} & \frac{2}{N} \\ \frac{2}{N} & -1 + \frac{2}{N} & \cdots & \frac{2}{N} & \frac{2}{N} \\ \vdots & \vdots & \cdots & \vdots & \vdots \\ \frac{2}{N} & \frac{2}{N} & \cdots & -1 + \frac{2}{N} & \frac{2}{N} \\ \frac{2}{N} & \frac{2}{N} & \cdots & \frac{2}{N} & -1 + \frac{2}{N} \end{pmatrix} \quad \text{(B.16)}$$

演算子 D は，平均値の周りに反転する（全係数の平均値を各係数から引いて反転し，それぞれに平均値を足す）演算を行う演算子です。

問題 B.1 **演算子 D のはたらきの確認**

演算子 D が，平均値の周りに反転するはたらきをすることを確認しなさい。

♡

問題 B.2 **U_p と D がユニタリ演算子であることの証明**

U_p と D がユニタリ演算子であることを示しなさい。 ♡

状態 $|\psi_0\rangle$ に DU_p を演算した後の状態 $|\psi_1\rangle$ は

$$|\psi_1\rangle \equiv DU_p|\psi_0\rangle = \cos(3\theta)|a\rangle + \sin(3\theta)|p\rangle \quad \text{(B.17)}$$

となります（問題 B.3 参照）。

問題 B.3 **(B.17) の導出**

(B.17) を示しなさい。 ♡

DU_p の演算を k 回繰り返すと

$$|\psi_k\rangle \equiv (DU_p)^k|\psi_0\rangle = \cos\left((2k+1)\theta\right)|a\rangle + \sin\left((2k+1)\theta\right)|p\rangle \quad \text{(B.18)}$$

となります。

問題 B.4 **(B.18) の導出**

(B.18) を示しなさい。 ♡

(B.18) で，$|p\rangle$ の係数が 1 になるのは

$$(2k+1)\theta = \frac{\pi}{2} \tag{B.19}$$

のときですから，(B.14) より，繰り返すべき回数 k は，$k \gg 1$ として

$$k \simeq \frac{\pi}{4}\sqrt{N} \tag{B.20}$$

と求まります。図 5.15 は，グローバーのアルゴリズムの量子回路図です。

B.4 ショアの素因数分解アルゴリズム

　ここでは，ショアの素因数分解アルゴリズムの，数式での理解を試みます。3.2.5 節での処方の順番に数式を書いて行くことにします。その処方を以下に再掲します。

ショアの素因数分解アルゴリズムの具体的処方（再掲）

1. $L \geq \log_2 N$, $n \equiv 2L + 1$ として，n 量子ビットの第 1 レジスタと L 量子ビットの第 2 レジスタを用意します。

2. 第 1 レジスタのすべての量子ビットを $|0\rangle$ に初期化した後，アダマールゲートを施します。すると，$\frac{1}{\sqrt{2^n}}\sum_{j=0}^{2^n-1}|j\rangle$ となります。

3. 第 1 レジスタの各状態 ($|j\rangle$) について第 2 レジスタに $x^j \pmod{N}$ を代入します（x については 3.2.3 節参照）。

4. 第 2 レジスタを観測します。すると第 1 レジスタには，測定結果に対応する特定の状態だけが残ります。

5. 第 1 レジスタの各状態に離散フーリエ変換を施します。すると $\frac{2^n}{r}$ の整数倍の状態の係数（確率振幅）の絶対値だけが大きくなります。ここで，r は位数です（(3.12) 参照）。

6. 第 1 レジスタを観測して位数 r を求めます。

2. と 3. の後での状態は次のようになります。

$$\frac{1}{\sqrt{2^n}} \sum_{j=0}^{2^n-1} |j) \otimes |x^j \ (\mathrm{mod} \ N)) \tag{B.21}$$

第 2 レジスタを観測して，b という値を得たとします。k を $b = x^k \ (\mathrm{mod} \ N)$ を満たす最小の数と定義し，m を $k + mr \leq 2^n - 1$ を満たす最大の整数とすると，第 1 レジスタは

$$\sqrt{\frac{r}{2^n}} \sum_{j=0}^{m} |k + jr) \tag{B.22}$$

と書けます。

問題 B.5 **(B.22) の** $\sqrt{r}$

(B.22) の係数に $\sqrt{r}$ の因子がかかる理由を説明しなさい。　　　　♡

状態 $|a)$ の**離散的フーリエ変換**は次のようです。

$$|a) \rightarrow \frac{1}{\sqrt{2^n}} \sum_{c=0}^{2^n-1} \exp\left(2\pi i \frac{ac}{2^n}\right) |c) \tag{B.23}$$

(B.22) に離散的フーリエ変換を施した結果は，次のように書けます。

$$\sum_{c=0}^{2^n-1} \alpha_c |c), \quad \alpha_c \equiv \frac{\sqrt{r}}{2^n} \exp\left(2\pi i \frac{kc}{2^n}\right) \sum_{j=0}^{m} \exp\left(2\pi i \frac{rcj}{2^n}\right) \tag{B.24}$$

第 1 レジスタの観測結果が c' であったとすると，$|\alpha_{c'}|$ は $\frac{rc'}{2^n} =$ 整数（の近傍）で鋭いピークを持つので

$$r = 整数 \times \frac{2^n}{c'} \tag{B.25}$$

と求まります。

例題 B.2 **離散的フーリエ変換の行列表示**

離散的フーリエ変換を 2^n 行 2^n 列の行列を用いて表しなさい。ただし，$N \equiv 2^n$ として，離散的フーリエ変換を施す N 行 1 列のベクトル $|\psi\rangle$ を次のように置きなさい。

$$|\psi\rangle \equiv \sum_{j=0}^{N-1} \alpha_j |j) \tag{B.26}$$

解答例 $\omega \equiv \exp\left(\frac{2\pi i}{N}\right)$ と置くと，(B.23) より，$|\psi\rangle$ への離散的フーリエ変換は

$$\frac{1}{\sqrt{N}}\begin{pmatrix} 1 & 1 & \cdots & 1 & 1 \\ 1 & \omega & \cdots & \omega^{N-2} & \omega^{N-1} \\ 1 & \omega^2 & \cdots & \omega^{2(N-2)} & \omega^{2(N-1)} \\ \vdots & \vdots & \vdots & \vdots & \vdots \\ 1 & \omega^{(N-1)} & \cdots & \omega^{(N-2)(N-1)} & \omega^{(N-1)^2} \end{pmatrix}\begin{pmatrix} \alpha_0 \\ \alpha_1 \\ \alpha_2 \\ \vdots \\ \alpha_{N-1} \end{pmatrix} \quad \text{(B.27)}$$

と書けます。 ◇

例題 B.3 **鋭いピークの理由**

　$|\alpha_{c'}|$ が $\frac{rc'}{2^n} =$ 整数 で鋭いピークを持つ理由を述べなさい。

解答例 $\frac{rc'}{2^n} =$ 整数 のとき $\exp\left(2\pi i\frac{rc'j}{2^n}\right) = 1$ となり，$|\alpha_{c'}| \neq 0$ となります。一方，$\frac{rc'}{2^n} \neq$ 整数 のときは，$\exp\left(2\pi i\frac{rc'j}{2^n}\right)$ の和が互いに打ち消し合って，$|\alpha_{c'}| \simeq 0$ となるからです（**図 B.3**）。 ◇

　場合によっては，$\frac{rc'}{2^n}$ が整数から少しずれた位置にピークが来ることがあります。そのようなときに，どのように位数 r を求めるか，次の例題で考察しておきましょう。

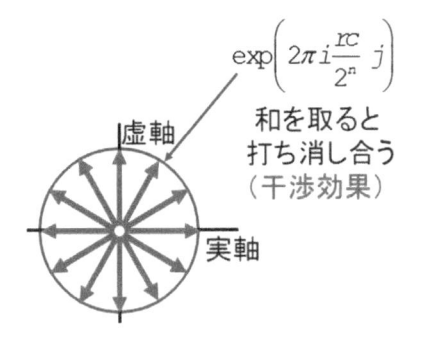

$$\exp\left(2\pi i\frac{rc}{2^n}j\right)$$

和を取ると
打ち消し合う
（干渉効果）

虚軸

実軸

図 B.3　離散的フーリエ変換での打ち消し合い

例題 B.4 連分数による位数の求め方の例

$N = 35$, $x = 3$, $2^n = 2048$, $c' = 1195$ だったとき,位数 r を**連分数**の方法で求めなさい。

解答例 連分数は,分母にさらに分数が含まれている分数のことです。分子を 1 にして,その分数を次々に分子が 1 の連分数にして行きます。整数+分数 の分数の部分が整数に比べて十分小さい値になったところで,その分数を無視する近似を行うのです。

k を整数として,$c' \simeq \frac{k2^n}{r}$ なので

$$\frac{k}{r} = \frac{c'}{2^n} = \frac{1195}{2048} = \frac{1}{1+\frac{853}{1195}} = \frac{1}{1+\frac{1}{1+\frac{342}{853}}} = \frac{1}{1+\frac{1}{1+\frac{1}{1+\frac{1}{2+\frac{169}{342}}}}}$$

$$= \frac{1}{1+\frac{1}{1+\frac{1}{1+\frac{1}{2+\frac{1}{2+\frac{4}{169}}}}}} \simeq \frac{1}{1+\frac{1}{1+\frac{1}{1+\frac{1}{2+\frac{1}{2}}}}} = \frac{7}{12} \tag{B.28}$$

となり,$r = 12$ と求まります。

ついでながらこのとき因数は,$3^{12/2} = 3^6 = 729$ なので,

$$\gcd(729+1, 35) = 5, \quad \gcd(729-1, 35) = 7 \tag{B.29}$$

となり,因数 5 と 7 が求まりました。 ◇

量子コンピュータで解くべき問題には，シュレーディンガー方程式を解く（用いる）ことによって答えを得る問題が多数あります。断熱型演算モデル（5.1.2 節参照）と量子アニーリング法（6.2 節参照）がその例です。さらに，分子の構造や性質の解明，触媒や新分子，新薬の発見などを目的とする量子化学計算などがあります。

この付録では，まずシュレーディンガー方程式がどのようにして定式化されるのかを見ます。そのうえで，断熱型演算モデル，量子アニーリング法，量子化学計算における，シュレーディンガー方程式を見ます。

C.1 シュレーディンガー方程式の定式化

この節では，量子力学を記述するシュレーディンガー方程式を定式化します。

C.1.1 物質波と波動関数

一定の速度で運動している質量 m の粒子を考えます。その運動量[※1]を p とし，エネルギーを E とすると，特殊相対性理論より，光速を c として，

$$E = \sqrt{p^2 c^2 + m^2 c^4} \tag{C.1}$$

の関係が成り立ちます。

[※1] 運動の勢いを表す物理量です。(C.1) より，$p = 0$ のときは有名な $E = mc^2$ の式が得られます。

201

光子

光子の場合は $m = 0$ なので，(C.1) より $E = pc$ が成り立ちます。光子の波長を λ，振動数を f とすると，$c = \lambda f$ と (1.3) より，次式が成り立ちます。

$$p = \frac{E}{c} = \frac{hf}{c} = \frac{h}{\lambda} \tag{C.2}$$

ここで h はプランク定数です（(1.1) 参照）。

物質波

ド・ブロイ[※2]は，光が粒子として振る舞うなら，電子など粒子は波の性質も持つ（物質波）と考え，(1.3) と (C.2) が，粒子の場合にも成り立つとしました。改めて粒子の波長（ド・ブロイ波長）を λ，振動数を f とし，エネルギーを E，運動量を p とすると，

$$E = hf = \hbar(2\pi f) \equiv \hbar\omega, \quad p = \frac{h}{\lambda} = \hbar\frac{2\pi}{\lambda} \equiv \hbar k \tag{C.3}$$

と書けます。ここで $\hbar \equiv \frac{h}{2\pi}$ は換算プランク定数（または，ディラック定数，(1.2) 参照），ω は角振動数，k は波数です。

次の問題で位相速度と群速度について考えましょう。位相速度は波の山や谷が進む速度，群速度は波束（すなわち，エネルギー）が進む速度です。

問題 C.1　位相速度と群速度

粒子の位相速度 v_p と群速度 v_g は次のように定義されます。

$$v_p \equiv \frac{\omega}{k}, \quad v_g \equiv \frac{d\omega}{dk} \tag{C.4}$$

v_p と v_g は，E と p や λ と f を用いて次のように表されることを示しなさい。

$$v_p = \frac{E}{p} = \lambda f, \quad v_g = \frac{pc^2}{E} = \frac{c^2}{\lambda f} \tag{C.5}$$

♡

[※2]　Louis de Broglie（仏，1892-1987）1924 年，博士論文として物質波のアイデアを提出しました。教授陣は，アイデアを理解できずにアインシュタインに問い合わせたところ，ノーベル賞に値する研究と言われ，博士号を授与しました。その通りになって，ド・ブロイは 1929 年にノーベル物理学賞を受賞しました。

波の式と波動関数

波長 λ, 振動数 f で $+z$ 方向に進む波 $\Psi(z,t)$ は, 平面波(任意の時刻の波の同位相面が平面である波)となります。$\Psi(z,t)$ は, 位置 z, 時刻 t での波の変位(平衡位置からのずれ)を表します。振幅を A とし, 初期位相を無視すると, (C.3) の関係を代入して

$$
\Psi(z,t) = A\cos(kz - \omega t) = A\cos\left(2\pi\left(\frac{z}{\lambda} - ft\right)\right) = A\cos\left(\frac{1}{\hbar}(pz - Et)\right)
$$
$$
= A\Re\exp\left(\frac{i}{\hbar}(pz - Et)\right) \rightarrow A\exp\left(\frac{i}{\hbar}(pz - Et)\right) \tag{C.6}
$$

と表されます。$\Re$ は実部(real part)を取る記号です。

粒子が波の性質を持つとして, 波動関数 $\Psi(z,t)$ で表せるとします。波長 λ, 振動数 f が決まったこの粒子は, 一定の運動量 p, エネルギー E を持った自由粒子(相互作用を受けずに運動する粒子)です。

ここで, 自由粒子の波動関数の性質を考えるために, ハイゼンベルグの不確定性原理,

$$
\Delta p \Delta z \geq \frac{\hbar}{2}, \quad \Delta E \Delta t \geq \frac{\hbar}{2} \tag{C.7}
$$

を考えます。(C.7) で, Δp は運動量 p の不確定性さなどです。すると, 自由粒子の p や E は一定なので, $\Delta p = 0$, $\Delta E = 0$ となって, $\Delta z = \infty$, $\Delta t = \infty$ となります。すなわち, 自由粒子の位置と時間は決まらないことになります。

このような理由から, (C.6) の右辺の $\Re$ を除きます。なぜなら, 波動関数の絶対値の 2 乗が粒子の存在確率であるので, 自由粒子の波動関数の絶対値は時間や位置に依らずに一定でなければならないからです。すなわち, 粒子の存在が時間や位置に依らずに一定であるためには, 波動関数は必然的に複素数でなければならず, (C.6) の最右辺の式はその条件を満たしているのです。

非相対論的極限

粒子を波として考えるとき, ここでは, 非相対論的極限($mc \gg p$)を考えます。

問題 C.2 **非相対論的極限での速度**

粒子の速度（群速度）を v とするとき，$p = mv$ が成り立つことを示しなさい。 ♡

問題 C.3 **非相対論的極限でのエネルギー**

(C.1) の非相対論的極限では次式が成り立つことを示しなさい。

$$E \simeq mc^2 + \frac{p^2}{2m} = mc^2 + \frac{mv^2}{2} \tag{C.8}$$

♡

今後，$E - mc^2$（運動エネルギー）を，改めて粒子のエネルギー E と置くことにします。

$$E = \frac{p^2}{2m} \tag{C.9}$$

C.1.2　1 次元シュレーディンガー方程式の定式化

$+z$ 方向に自由（相互作用無し）に，運動量 p で移動する粒子の波動関数 $\Psi(z,t)$ は，次のように表されることが分かりました。

$$\Psi(z,t) = A \exp\left(\frac{i}{\hbar}(pz - Et)\right) \tag{C.10}$$

問題 C.4 **(C.9) で mc^2 の項を無視した効果**

波動関数 (C.10) において，(C.9) のように mc^2 の項を無視してもよい理由を述べなさい。 ♡

(C.10) の時間偏微分，および z についての偏微分を取ると

$$\frac{\partial \Psi(z,t)}{\partial t} = -\frac{iE}{\hbar}\Psi(z,t), \quad \frac{\partial \Psi(z,t)}{\partial z} = \frac{ip}{\hbar}\Psi(z,t) \tag{C.11}$$

が得られます。つまり，

$$E \rightarrow i\hbar\frac{\partial}{\partial t}, \quad p \rightarrow -i\hbar\frac{\partial}{\partial z} \tag{C.12}$$

の関係があることが分かります。すなわち，時間での偏微分はエネルギー演

算子に，空間座標での偏微分は運動量演算子に対応するのです。

(C.9) と (C.12) を用いると

$$i\hbar\frac{\partial\Psi(z,t)}{\partial t} = -\frac{\hbar^2}{2m}\frac{\partial^2\Psi(z,t)}{\partial z^2} \equiv \mathcal{H}\Psi(z,t) \tag{C.13}$$

を得ます。(C.13) が，1 次元自由粒子の波動関数が満たすべきシュレーディンガー方程式です。ここで $\mathcal{H}$ はハミルトニアンと呼ばれ，エネルギー演算子です。アダマールゲートの記号 H と紛らわしいので，記号を変えました。

C.1.3　3 次元シュレーディンガー方程式の定式化

(C.10) を，3 次元空間の任意の方向へ移動する粒子に拡張します。位置ベクトル $\boldsymbol{r}$，運動量ベクトル $\boldsymbol{p}$，および，その内積は

$$\boldsymbol{r} \equiv \begin{pmatrix} x \\ y \\ z \end{pmatrix}, \quad \boldsymbol{p} \equiv \begin{pmatrix} p_x \\ p_y \\ p_z \end{pmatrix}, \quad \boldsymbol{r} \cdot \boldsymbol{p} \equiv p_x x + p_y y + p_z z \tag{C.14}$$

と定義されます。波動関数 $\Psi(\boldsymbol{r},t)$ は，

$$\Psi(\boldsymbol{r},t) = A\exp\left(\frac{i}{\hbar}(\boldsymbol{r}\cdot\boldsymbol{p} - Et)\right) = A\exp\left(\frac{i}{\hbar}(\boldsymbol{r}\cdot\boldsymbol{p})\right)\exp\left(-\frac{i}{\hbar}Et\right) \tag{C.15}$$

と変数分離の形に書けます。

(C.15) を時間や位置ベクトルで偏微分すると

$$\frac{\partial\Psi(\boldsymbol{r},t)}{\partial t} = -\frac{iE}{\hbar}\Psi(\boldsymbol{r},t), \quad \nabla\Psi(\boldsymbol{r},t) = \frac{i\boldsymbol{p}}{\hbar}\Psi(\boldsymbol{r},t) \tag{C.16}$$

を得ます。(C.16) から，

$$E \to i\hbar\frac{\partial}{\partial t}, \quad \boldsymbol{p} \to -i\hbar\nabla \tag{C.17}$$

のように，E，$\boldsymbol{p}$ は，$\Psi(\boldsymbol{r},t)$ に演算するエネルギー演算子，運動量演算子としてはたらくことが分かります。

一般に，粒子がポテンシャルエネルギー（位置エネルギー）$V(\boldsymbol{r})$ のもとで運動していると，

$$E = \frac{|\boldsymbol{p}|^2}{2m} + V(\boldsymbol{r}) \tag{C.18}$$

が成り立ちます。(C.17) の対応関係が成り立つとして (C.18) に代入すると，次の 3 次元のシュレーディンガー方程式が得られます。

$$i\hbar\frac{\partial \Psi(\boldsymbol{r}, t)}{\partial t} = \mathcal{H}(\boldsymbol{r}, t)\Psi(\boldsymbol{r}, t), \quad \mathcal{H}(\boldsymbol{r}, t) \equiv -\frac{\hbar^2\nabla^2}{2m} + V(\boldsymbol{r}) \tag{C.19}$$

C.2 量子ゲート方式コンピュータとシュレーディンガー方程式

　この節では，簡単のため，波動関数は時間だけの関数とし，$|\psi(t)\rangle$ と置きます。

C.2.1 シュレーディンガー方程式と量子ゲート

　ハミルトニアンが時間に依らない場合は，シュレーディンガー方程式は形式的に次のように書けます。

$$|\psi(t)\rangle = \exp\left(-\frac{i\mathcal{H}t}{\hbar}\right)|\psi(0)\rangle \tag{C.20}$$

(C.20) で $\exp\left(-\frac{i\mathcal{H}}{\hbar}\right)$ は時間発展演算子とも呼ばれ，ユニタリ演算子です。

　n 量子ビットでは，$\mathcal{H}$ は $2^n \times 2^n$ の行列となり，解くのは一般に難しいです。そこで，量子ゲート方式コンピュータでは，次のトロッター（Trotter）分解を用いることが多いです[※3]。A と B を正方行列とするとき，$M \gg 1$ として

$$\exp\left(A + B\right) \simeq \left(\exp\frac{A}{M} \cdot \exp\frac{B}{M}\right)^M \tag{C.21}$$

と近似できます。ここで一般に $\exp\left(A + B\right) \neq \exp A \cdot \exp B$ であることに注意してください。

[※3]　例えば，https://dojo.qulacs.org/ja/latest/notebooks/4.2_trotter_decomposition.html 参照。

例えば，1 次元近接相互作用イジング模型では，$\mathcal{H} = J \sum_{j=1}^{N-1} Z_j Z_{j+1}$ なので

$$\exp\left(-\frac{i\mathcal{H}t}{\hbar}\right) = e^{-i\left(J\sum_{j=1}^{N-1} Z_j Z_{j+1}\right)\left(\frac{t}{\hbar}\right)}$$

$$\simeq \left(e^{-iJ(Z_1 Z_2)\frac{t}{M\hbar}} \cdot e^{-iJ(Z_2 Z_3)\frac{t}{M\hbar}} \cdots e^{-iJ(Z_{N-1} Z_N)\frac{t}{M\hbar}}\right)^M$$

(C.22)

となり，NM 個の 4 行 4 列のゲート演算に近似できます。

C.2.2　断熱型計算モデルのシュレーディンガー方程式

断熱型計算モデルのシュレーディンガー方程式は次のように書けます。

$$i\hbar\frac{d|\psi(t)\rangle}{dt} = \mathcal{H}|\psi(t)\rangle = ((1-s(t))\mathcal{H}_始 + s(t)\mathcal{H}_終)|\psi(t)\rangle, \quad s(t) = 0 \to 1$$

(C.23)

$\mathcal{H}_始$ は始状態の，$\mathcal{H}_終$ は終状態のハミルトニアンです。$\mathcal{H}_終$ は求めたい問題のハミルトニアンであり，$\mathcal{H}_始$ には波動関数が分かっている簡単なものを選びます。$s(t)$ を適切に変化させて解を求めます。

C.3　量子アニーリング方式コンピュータとシュレーディンガー方程式

この節でも波動関数は時間だけの関数とし，波動関数を $|\psi(t)\rangle$ と置きます。

C.3.1　量子アニーリング法のハミルトニアン

N 個の格子点を持つイジング模型（6.2.1 節参照）に対するハミルトニアンは，次のように書けます。

$$\mathcal{H}_終 = -\sum_{j=1}^{N}\sum_{k>j}^{N} J_{jk}Z_j Z_k - \sum_{j=1}^{N} h_j Z_j, \quad \mathcal{H}_始 = -\sum_{j=1}^{N} X_j \qquad (C.24)$$

207

$\mathcal{H}_{終}$ の右辺第 1 項はスピン間の相互作用，第 2 項は局所的な縦磁場の効果です。また，Z_j は格子点 j での z 方向（縦方向）のスピン演算子[※4]，J_{jk} は格子点 j と k のスピン間の相互作用の強さ，h_j は格子点 j での z 方向の磁場の強さです。$\mathcal{H}_{始}$ は**横磁場**の効果であり，X_j は x 方向のスピン演算子です。

量子アニーリング法のシュレーディンガー方程式は，(C.23) の形で解くことが多いようです。すなわち，横磁場をだんだん弱くして行ってエネルギーの最小状態を求め，量子アニーリングを達成します。

量子アニーラでは，各格子点でのスピンが各量子ビットとして組み込まれています。量子ビットは，スピンが上向きを $|0\rangle$，下向きを $|1\rangle$ と定義します。j と k の量子ビットの結合を J_{jk} に，h_j もセットして，まず横磁場をかけ，だんだん弱くして行きます。横磁場が 0 になったところで，各量子ビットは $|0\rangle$ か $|1\rangle$ のどちらかに落ち着きます。解は，各量子ビットの値を測定して得られます。

量子ゲート方式コンピュータでは，(C.24) をトロッター分解して (C.22) にして解くこともできます。

C.3.2　巡回セールスマン問題のシュレーディンガー方程式

量子アニーリング法で具体的にどのようにシュレーディンガー方程式を書き，計算するのでしょうか。**巡回セールスマン問題**のハミルトニアンを例にとって書いてみます（文献 [西森]）。巡回セールスマン問題とは，N 個の地点を各 1 回ずつ訪れ，最短距離（または，最短時間，最小費用）で巡る問題です。

ここでは，A,B,C,D,E の 5 都市（$N = 5$）を巡る場合を考えることにします。**表 C.1** のような表を作り，1 番目に訪れる都市を 1 に，他の都市には 0 を入れます。同様に N 番目まで 0 か 1 を入れます。表 C.1 では，ECBDA の順で巡ることになります。

都市を α, β（$\alpha, \beta = 1, 2, \cdots, N$）で表すことにします。表 C.1 の各数値を $q_{\alpha,j}$（$q_{\alpha,j} = 0$ or 1; $j = 1, 2, \cdots, N$）とし，各量子ビットに対応させます。

[※4]　物理学では通常，パウリ演算子を $\sigma_x, \sigma_y, \sigma_z$ と書きます。ここでは，本文と同じく量子ゲートの記号 X, Y, Z を用いることにします。

表 C.1 巡回セールスマン問題の例のための表

都市	A	B	C	D	E
第 1 番目	0	0	0	0	1
第 2 番目	0	0	1	0	0
第 3 番目	0	1	0	0	0
第 4 番目	0	0	0	1	0
第 5 番目	1	0	0	0	0

α, β 間の距離を $d_{\alpha\beta}$ とすると，全体の距離 L は

$$L = \sum_{\alpha=1}^{N} \sum_{\beta=1}^{N} \sum_{j=1}^{N} d_{\alpha\beta} q_{\alpha,j} q_{\beta,j+1} \tag{C.25}$$

となります。ただし，$q_{\alpha,N+1}$ は

$$q_{\alpha,N+1} = \begin{cases} q_{\alpha,1}: & \text{元の地点に戻るとき} \\ 0: & \text{元の地点に戻らないとき} \end{cases} \tag{C.26}$$

と定義します。

各行，各列の $q_{\alpha,j}$ はどれか 1 つだけ 1 で，後は 0 です。その条件式は

$$\sum_{\alpha=1}^{N} q_{\alpha,j} = 1, \quad \sum_{j=1}^{N} q_{\alpha,j} = 1 \tag{C.27}$$

ですから，解くべきハミルトニアン $\mathcal{H}_{終}$ は

$$\mathcal{H}_{終} = \sum_{\alpha=1}^{N} \sum_{\beta=1}^{N} \sum_{j=1}^{N} d_{\alpha\beta} q_{\alpha,j} q_{\beta,j+1} + a \sum_{\alpha=1}^{N} \left(\sum_{j=1}^{N} q_{\alpha,j} - 1 \right)^2$$
$$+ b \sum_{j=1}^{N} \left(\sum_{\alpha=1}^{N} q_{\alpha,j} - 1 \right)^2 \tag{C.28}$$

となります。ここで，右辺第 2 項と第 3 項はペナルティとして加えた項であり，係数 $a\,(>0), b\,(>0)$ を適切にとって (C.27) の条件を満たすように決めます。

C.4 定常状態のシュレーディンガー方程式

定常状態では，エネルギー E は一定なので，(C.15) において $\Psi(\boldsymbol{r}, t) = \psi(\boldsymbol{r})e^{-\frac{iEt}{\hbar}}$ と置いて次式を得ます。

$$\mathcal{H}\psi(\boldsymbol{r}) \equiv \left(-\frac{\hbar^2 \nabla^2}{2m} + V \right) \psi(\boldsymbol{r}) = E\psi(\boldsymbol{r}) \tag{C.29}$$

量子化学計算などで M 個の原子核の周りの n 個の電子を扱う場合は，それぞれの原子核の位置 $\boldsymbol{R}_m$, $m = 1, 2, \cdots, M$ は固定されているとし，電子の位置を $\boldsymbol{r}_j$, $j = 1, 2, \cdots, n$, 波動関数を $\psi(\boldsymbol{r}_1, \boldsymbol{r}_2, \cdots, \boldsymbol{r}_n)$ とすると，次のように書けます。

$$\mathcal{H}\psi(\boldsymbol{r}_1, \boldsymbol{r}_2, \cdots, \boldsymbol{r}_n) = \left(-\sum_{j=1}^{n} \frac{\hbar^2 \nabla_j^2}{2m} + V(\boldsymbol{r}_1, \boldsymbol{r}_2, \cdots, \boldsymbol{r}_n) \right) \psi(\boldsymbol{r}_1, \boldsymbol{r}_2, \cdots, \boldsymbol{r}_n)$$
$$= E\psi(\boldsymbol{r}_1, \boldsymbol{r}_2, \cdots, \boldsymbol{r}_n) \tag{C.30}$$

ここで，$V(\boldsymbol{r}_1, \boldsymbol{r}_2, \cdots, \boldsymbol{r}_n)$ は

$$V(\boldsymbol{r}_1, \boldsymbol{r}_2, \cdots, \boldsymbol{r}_n) = \sum_{j=1}^{n} \sum_{k>j}^{n} \frac{e^2}{4\pi\epsilon_0} \frac{1}{|\boldsymbol{r}_j - \boldsymbol{r}_k|} - \sum_{j=1}^{n} \sum_{m=1}^{M} \frac{Z_m e^2}{4\pi\epsilon_0} \frac{1}{|\boldsymbol{r}_j - \boldsymbol{R}_m|} \tag{C.31}$$

と書けます。(C.31) で，右辺第 1 項は電子同士のクーロンポテンシャル，第 2 項は原子番号 Z_m の原子核と電子とのクーロンポテンシャルです。また，e は電気素量，ϵ_0 は真空の誘電率です。(C.30) を解いてエネルギー状態や波動関数を求めることができます。

ただし，必要に応じてスピンの効果や複数の電子ではパウリの排他律（波動関数が電子の入れ替えにより反対称になる）を考慮する必要があります。

情報理論の数学分野の1つとして、計算量理論があります。個々の計算機本体の性能などには依らずに、計算量や資源量を定量化、分類する分野です（文献 [森前] など）。

ここでは、よく聞く「NP問題」とは何かなど必要最小限のことがらを簡潔に紹介し、量子コンピュータとの関係を考察します。まず、古典チューリング機械と量子チューリング機械の動作について説明します。続いて、古典計算量理論について考察し、最後に量子計算量理論に軽く触れて終わります。

D.1 古典/量子チューリング機械

数学でコンピュータを扱うためには、まずコンピュータを数学的に定義する必要があります。コンピュータがまだ形を成していなかったころ、このモデル化を行ったのが**チューリング**でした。

D.1.1 チューリング機械の動作

チューリング機械（Turing machine）は、コンピュータの全動作を単純化した数学モデルです。チューリング機械には、入出力用のテープが与えられ、それを読み書きするヘッド、およびメモリ（内部状態）があります。

ヘッドは、テープに書かれた、ヘッドの位置の入力データを読み込みます。その値とメモリの値によって、左右に動くか停止しているかのヘッドの動作が決まります。さらに、テープに数値を書き込むことも行います。チューリング機械は、その動作を繰り返して、最後は止まるか永久に動き続けるかしま

す。（これは停止性問題と言い，「ある問題が有限時間内で計算し終わるか否かを判定するアルゴリズムは存在するか」という問題です。1936年，チューリングは，チューリング機械を定義することによって，そういうアルゴリズムは存在しないことを証明しました。）

D.1.2　チューリング機械の種類

　チューリング機械は，決定性（deterministic），非決定性（non-deterministic），確率的（probabilistic）の3種類に分けられます。**決定性チューリング機械**では，入力に対してのヘッドの動作がユニークに決まっています。それに対して非決定性と確率的チューリング機械では，1つの入力に対してヘッドの動作に複数の可能性があります。**非決定性チューリング機械**では，ヘッドの複数の選択肢の1つを自由に選んでよいものとします。一方，**確率的チューリング機械**では，乱数（ランダムな数）を振って確率的に選択肢を選びます。

D.1.3　古典チューリング機械と量子チューリング機械

　ドイチュは，古典チューリング機械を量子チューリング機械に拡張しました。**表 D.1** に，古典決定性チューリング機械と量子チューリング機械の比較を示します。

表 D.1　古典決定性チューリング機械と量子チューリング機械

項目	決定性チューリング機械	量子チューリング機械
入力（テープ）	0か1かどちらか	0と1の重ね合わせ状態
ヘッドの動き	右，左，停止のどれか	左右同時に移動可能
ヘッドの読み書き	決定的に0か1を読み書き	量子的にユニタリ演算
メモリ（内部状態）	記憶装置（0,1のデータ）	記憶装置（干渉，もつれ）

D.1.4　拡張されたチャーチ・チューリングのテーゼと量子コンピュータ

　チャーチ（Alonzo Church）とチューリングは，「計算アルゴリズムを，（古

典）チューリング機械で計算可能なもの」と定義することを主張しました（拡張されたチャーチ・チューリングのテーゼ）。（ドイツ語の these を「主張」と訳しました。）すなわち，このテーゼは「（古典）チューリング機械の能力をはるかに超える計算アルゴリズムは，存在しない」と言っていることになります。

ところが，ショアの素因数分解アルゴリズムの提案によって，「古典チューリング機械を能力的にはるかに上回る計算機が存在し，それが量子コンピュータである」ということが明らかになったのです。

しかし，古典アルゴリズムも簡単に負けてはいないというエピソードを紹介します。いろいろ提案された量子アルゴリズムの中の 1 つである量子推薦システムは，指数関数的な高速化を実現しました。（推薦システムとは，ネット上で，それまでの履歴から個々のユーザーにお勧めの商品やコンテンツを表示するおなじみのシステムです。）

それで，古典に対する量子の優位性を証明しようとしたところ，逆に高速な古典推薦アルゴリズム（「量子ビットのいらない量子アルゴリズム」）を発見してしまったという話です。しかも，発見したのは 2018 年，当時 18 歳のタン（Ewin Tang）という大学生だったのです。

結論として，古典アルゴリズムに対する量子アルゴリズムの優位性の証明は難しく，古典にも指数関数的高速性への改善の余地が隠れている可能性があるということです（文献 [藤井]）。

D.2 古典計算量問題

計算量理論（計算複雑性理論）では，コンピュータで扱うデータ量（例えば総ビット数）が増加して行くとき，計算量がどう増えていくかを議論し，P 問題，NP 問題などに分類します。ここではとくに，**判定問題**（decision problem），すなわち，yes/no で答えられる問題を扱います。（判定問題という代わりに決定問題という言葉もよく使われますが，「決定性」と混同しやすいので，ここでは判定問題と呼びます。）例えば，「ある自然数 N は素数か？」などの問いです。

D.2.1　P 問題，NP 問題など

入力の大きさ（総ビット数）を n とするとき，「計算量などが n とともにどう増加するか」という n 依存性によって，問題を P 問題，NP 問題などの計算量クラスに分類します。

P 問題

P（Polynomial time, 多項式時間）問題は，決定性チューリング機械を用いて $O(n^k)$, $(k \geq 0)$ の多項式時間で解ける判定問題のクラスです。

NP 問題

NP（Non-deterministic Polynomial time, 非決定性多項式時間）問題は，「非決定性チューリング機械で選択肢を自由に選び，そのような計算での最小時間が多項式時間である」とする問題です。このとき，答えが得られない場合は無視してよいという大胆な仮定を置きます。

NP 問題を次のようにも定義できます。「NP 問題は，答えが正しいか否かの判断が P 問題となるクラスである」と。すなわち，答えを導くのは難しいが，答えが与えられれば，それが正しいか否かのチェックは簡単な問題（P 問題）とするのです。

BPP 問題

BPP（Bounded-error Probabilistic Polynomial time）問題は，確率的チューリング機械によって，多項式時間で，しかも，誤り率が $\frac{1}{3}$ 以下の確率で解ける判定問題のクラスです。計算を繰り返すことによって，十分な精度で結果を得ることができます。ここで，$\frac{1}{3}$ という数値にとくに意味はありません。$\frac{1}{2}$ より小さければよいのです。

PSPACE 問題

PSPACE（Polynomial SPACE）問題は，決定性チューリング機械により，多項式サイズの領域（メモリ）を用いて解ける問題です。つまり，入力のサイズが問題のサイズの多項式で収まる判定問題のクラスです。演算時間は問い

ません。PSPACE ⊇ P は明らかで，PSPACE ⊇ NP も証明されています。

NP 困難問題

NP 困難（NPH, hard）は，NP に属するどの問題よりも同等以上に困難な問題のクラスと定義されます。より詳しく定義すると，ある問題 A が NP 困難であるとは，NP に属する全ての問題が A に多項式時間で還元可能なときです。

NP 完全問題

NP 完全は NPC（complete）とも書きます。NP に属する問題 A があり，NP のすべての問題が A に多項式時間で還元できるとき，問題 A を NP 完全と呼びます。すなわち，NP 完全は，NP 困難のうち，NP に属するクラスです。

P，NP，NP 困難，NP 完全問題の間の関係

P, NP, NP 困難（NPH），NP 完全（NPC）問題の間の関係を考えましょう。（ここでは BPP と PSPACE は除外します。理由は，BPP ⊇ P は明らかですが，BPP と NP との関係は不定です。また，PSPACE と NPH との大小関係もよく分からないからです。）

常識的には，P のクラスは NP のクラスに含まれ，NP より小さいと思われます。つまり，NP ⊃ P のとき，クラス P, NP, NPH, NPC の関係は**図 D.1（a）**のように描けます。

しかし，NP ⊃ P は証明されておらず，NP = P の可能性が残っています。

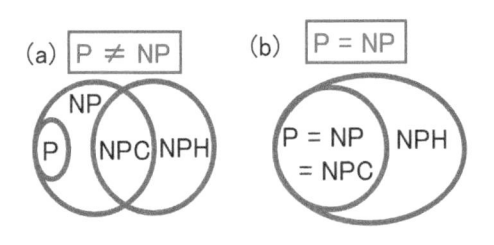

図 D.1　P, NP, NPH, NPC 問題の間の関係

恐らく NP ⊃ P であろうという予想を NP ≠ P 予想と言って，その証明は
クレイ研究所の懸賞問題の 1 つとなっています．NP = P の場合の P，NP，
NPH，NPC の間の関係は図 D.1（b）のようになります．

D.2.2　NP 完全問題の例

　NP 完全に属することが分かっている問題として，SAT 問題（satisfiability
problem，充足可能性問題），クリーク（clique，派閥）問題，独立集合問題
（または，独立点集合問題），ハミルトン閉路問題などがあります．

SAT 問題

　SAT 問題は，論理変数からなる論理関数について，変数の真偽をうまく決め
て関数の値を真にできるかという問題です．例として，次のような Bool[*1] SAT
（satisfiability of Boolean expressions）の関数を考えます（文献 [嶋田]）．

$$
\begin{aligned}
f(x_1, x_2, x_3, x_4) = {} & (x_1 \lor x_2 \lor x_4) \land (x_1 \lor \neg x_2 \lor x_4) \land (\neg x_1 \lor \neg x_2 \lor \neg x_4) \\
& \land (x_1 \lor \neg x_3 \lor \neg x_4) \land (\neg x_1 \lor \neg x_2 \lor \neg x_3) \land (\neg x_2 \lor x_3 \lor x_4) \\
& \land (\neg x_1 \lor x_2 \lor \neg x_3) \land (\neg x_2 \lor x_3 \lor \neg x_4) \land (x_2 \lor x_3 \lor \neg x_4) \\
& \land (x_1 \lor \neg x_3 \lor x_4) = 1 \; (?)
\end{aligned}
\tag{D.1}
$$

ここで，¬ は *NOT*，∧ は *AND*，∨ は *OR* の記号です．

　変数 x_1, x_2, x_3, x_4 やその否定をリテラル（literal）といいます．リテラル
と論理和（∨）だけで構成されるカッコ（···）の部分を，節と言います．どん
な論理式も，節の論理積（∧）の形（連言標準形，conjunctive normal form）
に変形できます．節内のリテラルの数がたかだか k 個のものを k-SAT と言
います．(D.1) は，3-SAT の例です．

　実際，この関数において，$f(0, 0, 0, 1) = 1$ のように，答えを聞くとチェッ
クは簡単です．しかし，しらみつぶしに調べると最大 2^n 回（n は変数の数），
すなわち，指数関数的時間がかかります．

　1971 年，クック（Stephen A. Cook）は SAT が NP 完全であることを証

※1　George Bool（英，1815-1864）ブール代数で有名です．

明しました。そのことを使うと，ある問題 B が NP 完全であることを証明するには，B が SAT に多項式時間で帰着できることを示せばよいことになります。

クリーク問題

クリーク（派閥）問題では，人を点で表し，知り合いの関係にある人を線で結んだ図を考えます。このような図をグラフと言います。クリークとは，その中の任意の 2 点間が線で結ばれている部分集合のことです。n 個の点からなるグラフがあるとき，「k 個の点からなるクリークがあるか否か」の問いの答えは，$_nC_k$ 通りの組み合わせを調べることになります。ここで，

$$_nC_k \equiv \frac{n!}{k!(n-k)!} \tag{D.2}$$

です。もし k が n に依存する場合は，組み合わせの数 $_nC_k$ は n とともに指数関数的に増大します。しかし，答えが与えられればチェックは簡単です。

図 D.2（a）のグラフに $k = 3$ のクリークがあるかの問いへの答えは，yes です。

独立集合問題

独立集合問題は，グラフの中で互いに線で結ばれていない点についてです。問いは「グラフが，要素数 k の独立集合を含むか否か」であり，やはり n とともに組み合わせの数は指数関数的に増大します。

例題 D.1　**独立集合の問題**

図 D.2（b）のグラフに $k = 3$ の独立集合はありますか。

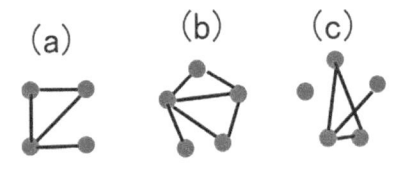

図 D.2　クリーク問題と独立集合問題

解答例　　はい，あります。なぜなら，図 D.2（b）の補集合を考えると図 D.2（c）のようになり，明らかに $k = 3$ の独立集合は存在することが分かるからです。　　　　　　　　　　　　　　　　　　　　　　　　　　　　　　◇

ハミルトン閉路問題

ハミルトン閉路問題とは，「グラフのすべての点を一度だけ通る道があるか無いか」を答える問題です。その存否判定は難しいですが，答えの検証は容易です。

例題 D.2　　**ハミルトン閉路問題**

図 D.3（a）に閉路はあるでしょうか。

解答例　　はい，あります。答えの例は**図 D.3（b）**です。　　　　　　　◇

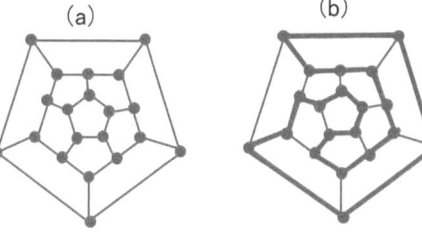

図 D.3　ハミルトン閉路問題

ハミルトン閉路問題は NP 完全であることが分かっています。P $\neq$ NP であることを証明しようと思ったら，「ハミルトン閉路存否判定問題が P には含まれないこと」を示せばよいのです。

D.2.3　NP 完全でない問題の例

NP 完全には属さない NP 困難問題として，次のような問題が知られています。

巡回セールスマン問題

N 個の都市を最短距離（または，最短時間，最小費用）で巡る経路を決める問題です。N の増加とともに指数関数的に組み合わせの数が増えます。

ナップサック問題

「ナップサックの中に，その総価値が最大になるように品物を詰める」という問題です。個々の品物の容量，サイズ，価値が与えられていて，「ナップサックの容量を超えてはならない」という制限のもとに詰めます。品物の数とともに組み合わせの数が指数関数的に増大します。

D.3　量子計算量理論

古典コンピュータで確立された計算量理論を，量子コンピュータに拡張します。ここでは BQP（Bounded-error Quantum Polynomial）と BQNP（Bounded-error Quantum Non-deterministic Polynomial, 現在では QMA と呼ばれる）を紹介するにとどめます。

BQP 問題

量子コンピュータにおいて，誤り率 $< \frac{1}{3}$ で多項式時間に実行可能な計算量の問題を言います。BQP の例としてはショアのアルゴリズムが挙げられます。

P, BPP, BQP, PSPACE の間には，$P \subseteq BPP \subseteq BQP \subseteq PSPACE$ が成り立ちます。（P, BPP, BQP の関係については，問題 D.1 を参照のこと。BQP $\subseteq$ PSPACE は経路積分を使って示せます。）

「量子コンピュータが古典コンピュータより速いか」という問題は，BPP $\neq$ BQP が成り立つかどうかに帰着されます。その証明は難しくて，まだなされていません。BQP $\subseteq$ PSPACE については，PSPACE の演算時間に制限が無いため，速さの問題には直接関係がありません。

結論として，「量子コンピュータが古典コンピュータより速い」とは数学的

にはまだ言えませんが，実証的にそれが示されるだろうと期待されています。

問題 D.1 P ⊆ BPP ⊆ BQP **の説明**

P ⊆ BPP ⊆ BQP が成り立つ理由を説明しなさい。ヒント：左のクラスが右のクラスの特別の場合であることを言いなさい。　　　　　　　♡

QMA 問題

量子コンピュータにおいて，答えが与えられたとき，その正否を，多項式時間で，誤り率 $< \frac{1}{3}$ の確率で検証できる問題を QMA と呼びます。（魔法使いマーリン（Merlin）の主張をアーサ（Arthur）王が検証する，というのがMA の由来です。当初 BQNP と命名されましたが，今は QMA に統一されています。）

第 1 章

問題 1.1　1889 年に国際単位の 1 つとして制定された国際キログラム原器は，さびにくい合金で作られているが，どうしても経年変化があり，130 年の間に洗浄前後で 50 マイクログラム変化して問題になっていた。それで，キログラム原器の代わりに，物理定数でキログラムを定義することになった。今後は「1 kg は，h が (1.1) の値になるような質量」と定義される。数値的には，「$f \simeq 1.35639249 \times 10^{50}$ Hz の周波数の光子のエネルギーに等しい質量エネルギーをもつ物体の質量」となる。これは $hf = mc^2$ の式に，$m = 1$ kg，h には (1.1) の値，光速 $c \equiv 299792458$ m/s の値を代入して得られる。

問題 1.2　digit の元々の意味は，手や足の指のことだった。昔，手足の指で数を数えたことから，数字を表すことになった。

問題 1.3　ジュール熱。電気抵抗を持つ電線などに電流が流れることによって，ジュール熱が発生する。

問題 1.4　基本的には意味は同じ。スタートアップ企業はシリコンバレーで使い始められた英語で，「イノベーションを起こして短期間に大きく成長しようとする企業」と説明されている。日本でよく用いられるベンチャー企業という言葉は，venture（冒険，投機）から作った和製英語とのこと。（https://www.antelope.co.jp/navigation/startup/difference/ より。）

第 2 章

問題 2.1　銀原子の原子番号は 47 なので，47 個の電子を持つ。47 個のうち 46 個の電子スピンは対をなし，互いに逆向きで打ち消し合う。残った 1 個の電子スピンが銀原子のスピンとなる。

問題 2.2　ポリマーの方向に偏光した光が入射すると，光の振動電場でポリマー中の電子がポリマーの方向に沿って振動し，ジュール熱を発生する。そのため光のエネルギーが消費されて光は減衰する。それと垂直方向に偏光した光は，電子がその方向には動けないので，光は減衰することなく透過する。

問題 2.3　$2^{64} \simeq 1.8 \times 10^{19}$ バイト = 18 EB である。128 GB のメモリの場合は，64 ビットのうちの 37 ビットに相当。（$1.28 \times 10^{11} = 2^x$ を解いて，$x \simeq 37$ より。）

第 3 章

問題 3.1　パスワードはインターネットを通じて送られ，本人確認がされるのに対し，PIN

は本人所有のパソコンやカードなどに保存され，入力と照合されて持ち主と一致することが確認され，インターネットを通じて送付されないので PIN の方がより安全と言えるが，パスワードはネット経由でのアクセスが必要な場合に使用せざるを得ない。

問題 3.2 共通鍵の排他的論理和をもう一度行うと，排他的論理和を 2 回行ったことになり，各ビットは 0 になる（$0 \oplus 0 = 0,\ 1 \oplus 1 = 0$）。すなわち，元の平文に戻る。

問題 3.3 探したいデータが 2 個のときは，平均値が 0 になってしまって，繰り返しても変化が無い。すなわち，グローバーのアルゴリズムは破綻する。探したいデータが 3 個のときは，そのままグローバーのアルゴリズムを適用するとかえって状況が悪くなることが分かる。こういう場合はむしろ残りの 1 個を探すと，例題 3.3 のように 1 回で収束する。すなわち，グローバーのアルゴリズムは膨大なデータの中から少数のデータを探すときに威力を発揮することが分かる。

問題 3.4 探すデータが 1 個のとき

各回の確率振幅の値（探しているデータと残りのデータ）だけを記す。1 回目：$\frac{11}{16}, \frac{3}{16}$，2 回目：$\frac{51}{64}, \frac{5}{64}$，3 回目：$\frac{251}{256}, \frac{13}{256}$，4 回目：$\frac{61}{64}, -\frac{5}{64}$ となる。すなわち，$\frac{\pi\sqrt{2^4}}{4} \simeq 3$ の通り，3 回目に，探しているデータの確率振幅が最大となる。

探すデータが 4 個のとき

例題 3.3 と同様に 1 回で収束し，残りのデータの確率振幅の値は 0，探しているデータの確率振幅の値は $\frac{1}{2}$ となる。したがって，目的の 4 個のビット列をすべて求めるためには，アルゴリズムを 4 回以上繰り返す必要がある。（1 サイクルで 1 つの解しか得られないので。）

問題 3.5 ヒントの通り，a を b で割った余りを r とすると，q を正の整数として $a = bq + r$ と書ける。$r = 0$ のときは，明らかに b が最大公約数である。また，$r = 1$ のときは a と b は互いに素である。以後，$r > 1$ のときを考える。

まず $\gcd(b, r) \geq \gcd(a, b)$ を証明する。a と b は $\gcd(a, b)$ の倍数なので，$r = a - bq$ も $\gcd(a, b)$ の倍数である。したがって $\gcd(a, b)$ は b と r の公約数である。最大公約数 $\gcd(b, r)$ は公約数の中で最大なので，$\gcd(b, r) \geq \gcd(a, b)$ となる。

次に $\gcd(a, b) \geq \gcd(b, r)$ を証明する。b と r は $\gcd(b, r)$ の倍数なので，$a = bq + r$ も $\gcd(b, r)$ の倍数である。したがって $\gcd(b, r)$ は a と b の公約数である。最大公約数 $\gcd(a, b)$ は公約数の中で最大なので，$\gcd(a, b) \geq \gcd(b, r)$ となる。

よって $\gcd(a, b) = \gcd(b, r)$ となる。以下次々と同じ関係が成り立つので，ユークリッド互除法により最大公約数が求まる。

問題 3.6 フェルマーの小定理は，素数 p と素な整数 g に対して，(3.9)，すなわち

$$g^p \equiv g \pmod{p} \tag{P3.1}$$

が成り立つ。これを，数学的帰納法により以下に証明する。

$g = 1$ のとき，(P3.1) は自明に成り立つ。

$g = m$ のとき成り立つとすると，

$$m^p \equiv m \pmod{p} \tag{P3.2}$$

である。$g = m + 1$ のとき，2 項定理 (3.11) より

$$(m+1)^p \pmod{p} = m^p + \sum_{j=1}^{p-1} {}_pC_j m^j + 1 \pmod{p} \tag{P3.3}$$

が $m+1$ となることを示せばよい。(P3.3) の右辺第 2 項は p で割り切れるので，右辺は $m^p + 1 \pmod{p}$ となり，(P3.2) より $m + 1 \pmod{p}$ となる。したがって，$g = m + 1$ でも (P3.1) は成り立つ。よって，フェルマーの小定理は証明できた。

問題 3.7　$14^0 = 1$, $14^1 = 14$, $14^2 \pmod{15} = 1$ となるので，$r = 2$ となる。$14^{2/2} + 1 = 15$, $14^{2/2} - 1 = 13$ となって 15 の素因数は求まらない。

問題 3.8　35 と素である x として，2 の場合を考える。$2^j \pmod{35}$, $j = 0, 1, 2, \cdots, 34$ を計算すると，$1, 2, 4, 8, 16, 32, 29, 23, 11, 22, 9, 18$ を繰り返す。すなわち，$r = 12$ となる。$2^{12/2} + 1 = 65 = 5 \times 13$, $2^{12/2} - 1 = 63 = 7 \times 9$ より，5 と 7 が 35 の素因数として求まる。

問題 3.9　必要ビット数 n は，組み合わせの数は 93^{16} なので，$2^n \geq 93^{16}$ より，105 となる（$n \geq 104.6$）。必要時間は，ステップ数が $\frac{\pi}{4} \times \sqrt{93^{16}}$ で，$10^8/\text{s}$ で演算するので，

$$\frac{\frac{\pi}{4} \times 93^8}{10^8/\text{s} \times \pi \times 10^7 \text{s/年}} \simeq \frac{5.6 \times 10^{15} \times 10^{-15}}{4} \text{ 年} = 1.4 \text{ 年}$$

と求まる。10 THz で演算できたとすると，440 秒となる。

第4章

問題 4.1　超高真空にするのは，空気分子が捕捉イオンに衝突する確率をできるだけ減らしたいため。残留空気分子が多いと，捕捉イオンに衝突して捕捉イオンが弾き飛ばされ，量子ビットが消失する確率が高い。

問題 4.2　エネルギーレベルが等間隔だと，マイクロ波を照射したときに他の励起レベル間の遷移も起きてしまうので都合が悪いから。

問題 4.3　超伝導回路は 10 mK という極低温に冷却しなければならないので，回路の故障時には室温まで温めて回路を取り換え，また冷却する必要がある。そのために数十時間が必要であり，室温の量子コンピュータと比べてダウンタイムが長すぎる。（富岳などスパコンでは，電源を落とさずに回路ボードを取り換えるホットスワップができるように設計されている。）

　ただし，将来の超伝導回路の量子コンピュータの場合も，冷凍機と回路がモジュール化されていて，一体として簡単に交換できるように設計されるかもしれない。

問題 4.4　光子ビットの光は通常は可視光で，波長は 0.4〜0.8 μm なので，ヒントの通り，波長 $\lambda = 0.5$ μm とすると，振動数 f は $\lambda f = c \simeq 3.0 \times 10^8$ m/s より 6.0×10^{14} Hz

となる。よって，(1.3) と (1.1) より $hf \simeq 4.0 \times 10^{-19}$ J となる。一方，$T = 300$ K とすると，$k_{\mathrm{B}} T \simeq 4.1 \times 10^{-21}$ J となり，光エネルギーより 2 桁小さい。したがって，光量子コンピュータは室温で問題なくはたらく。

問題 4.5 質量数が奇数の場合，原子核スピンが相殺せずに残る。原子核スピンは小さいものの，非常にたくさんあり，電子スピンが近くの核スピンと相互作用して，デコヒーレンスを起こしてしまう。

問題 4.6 大規模な量子コンピュータでは，大量の個々の量子ビットを操作する必要がある。分子溶液では各量子ビットが動いてしまうので，個々に操作できない。また，従来型の分子溶液 NMR 量子コンピュータは，図 4.7 のように，同一分子の中の特定の原子集団（10^{18} 個）を 1 個の量子ビットとして利用するため，量子ビットの数を増やすのが難しい。

問題 4.7 ホールは $+e$ の電荷を，クーパー対は $-2e$ の電荷を持つので，一緒にあると $-e$ の電荷となり，電子があるのと区別ができない。

第 5 章

問題 5.1 図 D.4 の通り。

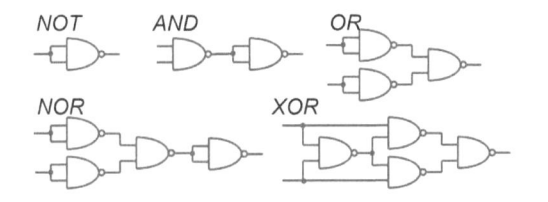

図 D.4 *NAND* ゲートのみで *NOT*，*AND*，*OR*，*NOR*，*XOR* ゲートを作製

問題 5.2 (5.4) の定義より，

$$H^2|0\rangle = H \frac{1}{\sqrt{2}} (|0\rangle + |1\rangle) = \frac{1}{2} (|0\rangle + |1\rangle + |0\rangle - |1\rangle) = |0\rangle$$

同様に $H^2|1\rangle = |1\rangle$ が成り立つ。したがって $H^2 = I$ が成り立つ。

問題 5.3 両量子ビットが 1 のときだけ負符号が付き，その符号はどちらのビットに付いても違いが無いからである。

問題 5.4 $a = 0$ のとき $b \oplus a = b$，$a = 1$ のとき $b \oplus a = \bar{b}$ となる。ただし，$\bar{b}$ は b のビット反転である。したがって，*CNOT* ゲートは図 5.5(b) のように描ける。

問題 5.5 観測可能な物理量は，状態の絶対値の 2 乗であるから。すなわち，状態全体としての位相（ϕ を任意の角度として $e^{i\phi}$）は観測できず，任意である。

問題 5.6 アダマールゲート H の定義により，

$$H|0\rangle = |+\rangle, \quad H|1\rangle = |-\rangle, \quad H|+\rangle = |0\rangle, \quad H|-\rangle = |1\rangle$$

なので，標的ビットへのアダマールゲートを H_2 と書くと，

$$H_2 CZ H_2 |00\rangle = H_2 CZ |0+\rangle = H_2 |0+\rangle = |00\rangle$$
$$H_2 CZ H_2 |01\rangle = H_2 CZ |0-\rangle = H_2 |0-\rangle = |01\rangle$$
$$H_2 CZ H_2 |10\rangle = H_2 CZ |1+\rangle = H_2 |1-\rangle = |11\rangle$$
$$H_2 CZ H_2 |11\rangle = H_2 CZ |1-\rangle = H_2 |1+\rangle = |10\rangle$$

となって，$CNOT$ ゲートが施されたことになる。

第 6 章

問題 6.1 逆に回るルートは基本的には順ルートと同じなので，2 で割る。

第 7 章

問題 7.1 国防上の理由が一番ではないだろうか。量子コンピュータの開発により，暗号が世界のどこの国より先に解読できると有利だし，逆に，よその国に先を越されると非常に不利となる。また，商業上のメリットも大きいと見込んでいるのであろう。

付録 A

問題 A.1 量子ビットは，3 次元空間内の球面上の 1 点と原点とを結ぶベクトルである。（球の半径が 1 なのは，量子ビットの長さが 1（絶対値の 2 乗は 1，すなわち観測する確率は 1）だからである。）球面が 2 次元なので，2 つの変数，すなわち，2 行 1 列のベクトルで表されるのである。

問題 A.2 $XY = iZ$ を以下に示す。その他は同様に導ける。

$$XY = \begin{pmatrix} 0 & 1 \\ 1 & 0 \end{pmatrix} \begin{pmatrix} 0 & -i \\ i & 0 \end{pmatrix} = \begin{pmatrix} i & 0 \\ 0 & -i \end{pmatrix} = i \begin{pmatrix} 1 & 0 \\ 0 & -1 \end{pmatrix} = iZ$$

問題 A.3 以下に $|-\rangle$ の場合を示す。$|+\rangle$ では以下の $-$ を $+$ にすればよい。

$$X|-\rangle = \frac{1}{\sqrt{2}} \begin{pmatrix} 0 & 1 \\ 1 & 0 \end{pmatrix} \begin{pmatrix} 1 \\ -1 \end{pmatrix} = \frac{1}{\sqrt{2}} \begin{pmatrix} -1 \\ 1 \end{pmatrix} = -|-\rangle$$

問題 A.4 (A.22) と (A.23) の定義と行列の乗算から，$T^2 = S$, $S^2 = Z$ が簡単に導ける。

問題 A.5 ユニタリ行列を U とすると，$U^\dagger U = 1$ が成り立つ。$U^\dagger U$ の行列式は

$$\det(U^\dagger U) = (\det U^\dagger)(\det U) = (\det U)^*(\det U) = |\det U|^2 = 1$$

問題 A.6 (A.27) と (A.28) を用いて (A.26) を確かめればよい。

問題 A.7 $\alpha = d + ic, \beta = b + ia$ を (A.29) に代入すればよい。

問題 A.8 (A.34) に左から $\langle\psi|$ をかけると

$$\langle\psi|F|\psi\rangle = f\langle\psi|\psi\rangle = f \tag{PA.1}$$

となる。

(A.34) の複素共役を取り，右から $|\psi\rangle$ をかけると，

$$\langle\psi|F^\dagger|\psi\rangle = f^*\langle\psi|\psi\rangle = f^* \tag{PA.2}$$

となる。$F = F^\dagger$ なので，(PA.1) と (PA.2) の左辺が等しい。したがって，$f = f^*$ となり，f は実数である。

問題 A.9 (A.37) は，$e^{-i\frac{\theta}{2}X}$ などをテイラー展開し，$X^2 = Y^2 = Z^2 = I$ と三角関数 $\sin$ や $\cos$ のテイラー展開を考慮すると得られる。

問題 A.10 省略（文献 [宮野] の図 3.5 参照）。

問題 A.11 (A.40) を用いて $|0\rangle\langle0|, |0\rangle\langle1|, |1\rangle\langle0|, |1\rangle\langle1|$ を行列で表すと，

$$|0\rangle\langle0| = \begin{pmatrix} 1 & 0 \\ 0 & 0 \end{pmatrix}, \quad |0\rangle\langle1| = \begin{pmatrix} 0 & 1 \\ 0 & 0 \end{pmatrix}, \quad |1\rangle\langle0| = \begin{pmatrix} 0 & 0 \\ 1 & 0 \end{pmatrix}, \quad |1\rangle\langle1| = \begin{pmatrix} 0 & 0 \\ 0 & 1 \end{pmatrix} \tag{PA.3}$$

となるので，(A.12) と (PA.3) から X ゲートと Z ゲートは

$$X = |0\rangle\langle1| + |1\rangle\langle0|, \quad Z = |0\rangle\langle0| - |1\rangle\langle1| \tag{PA.4}$$

となる。

[別解例] X はビットを反転し，Z は $|0\rangle$ の符号はそのままで $|1\rangle$ の符号を変えるので，それぞれ (PA.4) のように表される。

問題 A.12 $HXH = Z$ を示す。ほかも同様に示すことができる。

$$HXH = \frac{1}{2}\begin{pmatrix} 1 & 1 \\ 1 & -1 \end{pmatrix}\begin{pmatrix} 0 & 1 \\ 1 & 0 \end{pmatrix}\begin{pmatrix} 1 & 1 \\ 1 & -1 \end{pmatrix} = \frac{1}{2}\begin{pmatrix} 1 & 1 \\ 1 & -1 \end{pmatrix}\begin{pmatrix} 1 & -1 \\ 1 & 1 \end{pmatrix}$$

$$= \frac{1}{2}\begin{pmatrix} 2 & 0 \\ 0 & -2 \end{pmatrix} = Z$$

問題 A.13 $TXT^\dagger$ を計算すると，

$$TXT^\dagger = \begin{pmatrix} 1 & 0 \\ 0 & e^{\frac{i\pi}{4}} \end{pmatrix}\begin{pmatrix} 0 & 1 \\ 1 & 0 \end{pmatrix}\begin{pmatrix} 1 & 0 \\ 0 & e^{-\frac{i\pi}{4}} \end{pmatrix} = \begin{pmatrix} 1 & 0 \\ 0 & e^{\frac{i\pi}{4}} \end{pmatrix}\begin{pmatrix} 0 & e^{-\frac{i\pi}{4}} \\ 1 & 0 \end{pmatrix}$$

$$= \begin{pmatrix} 0 & e^{-\frac{i\pi}{4}} \\ e^{\frac{i\pi}{4}} & 0 \end{pmatrix}$$

となる。同様に計算して以下を得る。

$$TYT^\dagger = \begin{pmatrix} 0 & -ie^{-\frac{i\pi}{4}} \\ ie^{\frac{i\pi}{4}} & 0 \end{pmatrix}, \quad TZT^\dagger = Z$$

したがって，T は非クリフォード演算子である。

問題 A.14 アリスが第 1 と第 2 量子ビットを測定した結果を，古典通信を通じてボブに伝える。ボブは，第 2 量子ビットが 1 の場合は受信量子ビットに X ゲートを，第 1 量子ビットが 1 の場合は受信量子ビットに Z ゲートをかけることによって，$|\psi\rangle$ を得ることができる。

付録 B

問題 B.1 反転前の状態 $|p\rangle$ の係数を b_k，それ以外の状態の係数を a_k とする。（グローバーのアルゴリズムを k 回繰り返した後の係数の意味。）$|p\rangle$ の係数の反転後の係数は $-b_k$ である。

まず，平均値の周りに反転したときの各係数を求める。

平均値 A は

$$A = \frac{(N-1)a_k - b_k}{N} = \left(1 - \frac{1}{N}\right)a_k - \frac{b_k}{N}$$

となる。平均値を引いて反転し，平均値を足すと

$$a_k \to -(a_k - A) + A = -a_k + 2A = \left(1 - \frac{2}{N}\right)a_k - \frac{2}{N}b_k \equiv a_{k+1}$$

$$b_k \to -(-b_k - A) + A = b_k + 2A = 2\left(1 - \frac{1}{N}\right)a_k + \left(1 - \frac{2}{N}\right)b_k \equiv b_{k+1}$$

$$\text{(PB.1)}$$

となる。

次に，D で計算したときの係数を求める。

$|p\rangle$ はどこでもよいので，一番最後の状態とすると，全状態は $(a_k, a_k, \cdots, a_k, -b_k)^T$ となるので，D を演算して，

$$\begin{pmatrix} -1 + \frac{2}{N} & \frac{2}{N} & \cdots & \frac{2}{N} & \frac{2}{N} \\ \frac{2}{N} & -1 + \frac{2}{N} & \cdots & \frac{2}{N} & \frac{2}{N} \\ \vdots & \vdots & \cdots & \vdots & \vdots \\ \frac{2}{N} & \frac{2}{N} & \cdots & -1 + \frac{2}{N} & \frac{2}{N} \\ \frac{2}{N} & \frac{2}{N} & \cdots & \frac{2}{N} & -1 + \frac{2}{N} \end{pmatrix} \begin{pmatrix} a_k \\ a_k \\ \vdots \\ a_k \\ -b_k \end{pmatrix}$$

を計算すればよい。D を演算した後の係数をそれぞれ a', b' とすると,

$$a' = \left(-1 + \frac{2}{N} + \frac{2}{N}(N-2)\right)a_k - \frac{2}{N}b_k = \left(1 - \frac{2}{N}\right)a_k - \frac{2}{N}b_k$$

$$b' = \frac{2}{N}(N-1)a_k + \left(1 - \frac{2}{N}\right)b_k = 2\left(1 - \frac{1}{N}\right)a_k + \left(1 - \frac{2}{N}\right)b_k \qquad \text{(PB.2)}$$

となる。

(PB.1) と (PB.2) より, $a_{k+1} = a', b_{k+1} = b'$ なので, 確認できた。

問題 B.2 U_p と D はともにエルミート ($U_p^\dagger = U_p, D^\dagger = D$) であることは明らかである。したがって,

$$U_p U_p^\dagger = U_p^2 = (I - 2|p)(p|)^2 = I^2 - 4|p)(p| + 4|p)(p||p)(p| = I - 4|p)(p| + 4|p)(p| = I$$

$$DD^\dagger = D^2 = \left(\frac{2}{N}\begin{pmatrix} 1 & 1 & \cdots & 1 & 1 \\ 1 & 1 & \cdots & 1 & 1 \\ \vdots & \vdots & \cdots & \vdots & \vdots \\ 1 & 1 & \cdots & 1 & 1 \\ 1 & 1 & \cdots & 1 & 1 \end{pmatrix} - I\right)^2$$

$$= \frac{4}{N^2}\begin{pmatrix} N & N & \cdots & N & N \\ N & N & \cdots & N & N \\ \vdots & \vdots & \cdots & \vdots & \vdots \\ N & N & \cdots & N & N \\ N & N & \cdots & N & N \end{pmatrix} - \frac{4}{N}\begin{pmatrix} 1 & 1 & \cdots & 1 & 1 \\ 1 & 1 & \cdots & 1 & 1 \\ \vdots & \vdots & \cdots & \vdots & \vdots \\ 1 & 1 & \cdots & 1 & 1 \\ 1 & 1 & \cdots & 1 & 1 \end{pmatrix} + I^2 = I$$

となって, ユニタリであることが示された。

問題 B.3 問題 B.1 の解答の定式化を用いる。もともとの定義に戻ると, (B.12), (B.13) より

$$|\psi_k\rangle = a_k \sum_{j=0;\,(j\neq p)}^{N-1} |j\rangle + b_k|p\rangle = \sqrt{N-1}a_k|a\rangle + b_k|p\rangle$$

となり, $k = 0$ では

$$a_0 = \frac{1}{\sqrt{N-1}}\cos\theta, \quad b_0 = \sin\theta$$

である。(PB.1) を少し変形して a_k の代わりに $\sqrt{N-1}a_k$ の組み合わせを用いて書くことにすると,

$$\sqrt{N-1}a_{k+1} = \left(1 - \frac{2}{N}\right)\sqrt{N-1}a_k - \frac{2\sqrt{N-1}}{N}b_k$$

$$b_{k+1} = 2\frac{\left(1 - \frac{1}{N}\right)}{\sqrt{N-1}}\sqrt{N-1}a_k + \left(1 - \frac{2}{N}\right)b_k$$

(B.13) より, $\sin\theta \equiv \frac{1}{\sqrt{N}}, \cos\theta = \sqrt{\frac{N-1}{N}}$ なので,

$$1 - \frac{2}{N} = (1 - 2\sin^2\theta) = \cos(2\theta), \quad 1 - \frac{1}{N} = 1 - \sin^2\theta = \cos^2\theta$$

などに注意すると,

$$\sqrt{N-1}a_{k+1} = \cos(2\theta)\sqrt{N-1}a_k - \sin(2\theta)b_k$$
$$b_{k+1} = \sin(2\theta)\sqrt{N-1}a_k + \cos(2\theta)b_k \tag{PB.3}$$

を得る。$k = 0$ とすると, 次のようになる。

$$\sqrt{N-1}a_1 = \cos(2\theta)\cos\theta - \sin(2\theta)\sin\theta = \cos(2\theta + \theta) = \cos(3\theta)$$
$$b_1 = \sin(2\theta)\cos\theta + \cos(2\theta)\sin\theta = \sin(2\theta + \theta) = \sin(3\theta)$$

となって, (B.17) が示せた。

問題 B.4 (B.4) を帰納法で証明する。$k = 0$ のときは問題 B.3 で示された。(B.18) が k のときに成り立つとすると, (PB.3) より次式が成り立つ。

$$\sqrt{N-1}a_{k+1} = \cos(2\theta)\cos((2k+1)\theta) - \sin(2\theta)\sin((2k+1)\theta)$$
$$= \cos((2k+3)\theta)$$
$$b_{k+1} = \sin(2\theta)\cos((2k+1)\theta) + \cos(2\theta)\sin((2k+1)\theta)$$
$$= \sin((2k+3)\theta)$$

したがって, $k+1$ のときにも成り立つので, (B.18) が示せた。

問題 B.5 各確率振幅の絶対値の 2 乗の和が 1 にならなければならないから。(第 2 レジスタの測定によって, r 個の解の 1 つが選ばれたため。)

付録 C

問題 C.1 $E = \hbar\omega, p = \hbar k$ より, $v_p = \frac{E}{p} = \lambda f$ は明らか。v_g は (C.1) より,

$$v_g = \frac{d\omega}{dk} = \frac{dE}{dp} = \frac{d\sqrt{p^2c^2 + m^2c^4}}{dp} = \frac{1}{2}(p^2c^2 + m^2c^4)^{-1/2}(2pc^2) = \frac{pc^2}{E} = \frac{c^2}{\lambda f}$$

と求まる。

問題 C.2 (C.1) より, 非相対論的極限では $E \simeq mc^2$, これを (C.5) の v_g に代入し,

$$v \equiv v_g = \frac{pc^2}{E} \simeq \frac{p}{m}$$

を得る。すなわち, $p \simeq mv$ となる。

問題 C.3　mc^2 をルートの外に出して，次のように近似を使う。

$$E = mc^2 \sqrt{1 + \left(\frac{p}{mc}\right)^2} \simeq mc^2 \left(1 + \frac{1}{2}\left(\frac{p}{mc}\right)^2\right) \simeq mc^2 + \frac{p^2}{2m} = mc^2 + \frac{mv^2}{2}$$

問題 C.4　(C.9) で mc^2 の項を無視しないと，(C.10) に $\exp(-imc^2t)$ を乗ずることになる。この因子は絶対値が 1 の位相因子で，しかも，t の係数が定数であって変化しない。波動関数において，そのような因子は他に影響を及ぼさないため，省略できる。

付録 D

問題 D.1　クラス P での決定性チューリング機械は，クラス BPP での確率的チューリング機械の一部である。また，BPP の確率的古典計算は，量子並列性により計算する BQP の量子計算の一部であると言える。したがって，P $\subseteq$ BPP $\subseteq$ BQP であると言える。

参考文献

第 1 章

［グランブリング］「米国科学・工学医学アカデミーによる量子コンピュータの進歩と
展望」,（Quantum Computing: Progress and Prospects）Emily Grumbling and
Mark Horowitz 編, 西森秀稔訳, 共立出版, 2020 年 1 月。

［長橋］「量子コンピューターの基本と仕組み」, 長橋賢吾著, 秀和システム, 2018 年。

［アイザックソン］「イノベーターズ 1, 2」, W. アイザックソン著, 井口耕二訳, 講談
社, 2019 年。

第 2 章

［細谷］「量子コンピュータの基礎」, 細谷暁夫著, サイエンス社, 第 2 版, 2009 年。

［ドイチュ］「世界の究極理論は存在するか」, デイビッド・ドイチュ著, 林一訳, 朝日
新聞社, 1999 年。

［グリビン］「シュレディンガーの猫, 量子コンピュータになる。」, J. Gribbin 著, 松浦
俊輔訳, 青土社, 2014 年。

［林］「波動関数の分かりやすい説明」, 林久史著, 日本女子大学紀要, 理学部第 24 号,
Contribution No.: CB15-1（2016）。

［ニュートン］「量子論のすべて」, ニュートン別冊, ニュートンプレス, 2019 年 7 月。

［グリーンスタイン］「量子論が試されるとき」, G. グリーンスタイン, A. G. ザイアン
ツ著, 森弘之訳, みすず書房, 2014 年。

第 3 章

［中垣］中垣俊之, 山田裕康, Agota Toth, Nature **407**, 470（2000）。

［青野］「自然計算から拡張計算へ」, 青野真士著, 電子情報通信学会誌 Vol. 100 No. 6 pp499-
505(2017/6)：IEICE 会誌 試し読みサイト https://app.journal.ieice.org/trial/100_6/
k100_6_499/index.html

［宮野］「量子コンピューター入門」, 宮野健次郎・古澤明著, 日本評論社, 第 2 版, 2016 年。

［佐川］「量子情報理論第 3 版」, 佐川弘幸・吉田宣章著, 丸善出版, 2019 年。

［ニールセン］「量子コンピュータと量子通信 I, II, III」, M. A. Nielsen, I. L. Chuang
著, 木村達也訳, オーム社, 2005 年。

［西野］「量子計算」, 西野哲朗・岡本龍明・三原孝志著, 近代科学社, 2015 年。

［高木］「暗号と量子コンピューター」, 高木剛著, オーム社, 2019 年。

［石井］「量子暗号 絶対に盗聴されない暗号をつくる」, 石井茂著, 日経 BP 社, 2007 年。

［QND］Quantum Native Dojo, https://dojo.qulacs.org/ja/latest/index.html, Qunasys
（株）, 2019 年。

［御手洗］「量子コンピュータを用いた変分アルゴリズムと機械学習」, 御手洗光祐・藤
井啓祐著, 物理学会誌 **74**, No. 9, 604-611（2019）。

［嶋田］「量子コンピューティング」, 嶋田義皓著, オーム社, 2020 年。

［パソコン入門］「基礎からわかる！パソコン入門・再入門, 文字コードとは」, https://www.
yamanjo.net/knowledge/others/others_08.html

［矢野］「プログラマのための文字コード技術入門」, 矢野啓介著, 技術評論社, 2010 年。

第 4 章

［CRDS］「戦略プロポーザル みんなの量子コンピューター」, CRDS-FY2018-SP-04。

［向井］「原子でつくる量子コンピュータ」, 向井哲哉著, NTT 技術ジャーナル, 2007 年。

［古澤］「光の量子コンピューター」, 古澤明著, 集英社インターナショナル, 2019 年；
「『シュレーディンガーの猫』のパラドックスが解けた！」, 古澤明著, 講談社, 2012 年。

［武田］「量子コンピュータが本当にわかる！」, 武田俊太郎著, 技術評論社, 2020 年 3
月。

［ジェリー］「量子論の果てしなき境界 ミクロとマクロの世界にひそむシュレディン
ガーの猫たち」, Christopher C. Gerry and Kimberley M. Bruno 著, 河辺哲次訳,
共立出版, 2015 年。

［佐々木］「量子元年, 進化する通信」, 佐々木雅英・根本香絵・池谷瑠絵著, 丸善出版,
2014 年。

第 5 章

［小柴］「観測に基づく量子計算」, 小柴武史・藤井啓佑・森前智行著, コロナ社, 2017 年。

［竹内］「エンタングル状態を測定して作る量子コンピュータ」, 竹内勇貴著, 物理学会
誌 **76**, No. 10, 628-636（2021）。

［勝田］「でたらめの科学 サイコロから量子コンピューターまで」, 勝田敏彦著, 朝日
新聞出版, 2020 年 12 月。

［早坂］「イオントラップを用いた量子計算」, 早坂和弘著, 電子情報通信学会［知識ベース］
2010 47/74：https://www.ieice-hbkb.org/files/S2/S2gun_05hen_03.pdf#page=47

［川上］「Si 量子ドット中の単一電子スピンを用いた量子コンピューターの実現に向け
て」, 川上恵里加著, 物理学会誌 **72**, No. 5, 334-338（2017）。

［ジョンストン］「動かして学ぶ量子コンピュータプログラミング」, E. R. Johnston,
N. Harrigan, M. Gimeno-Segovia 著, 北野章訳, 日経印刷, 2020 年。

［蓮尾］「量子プログラミング言語」, 蓮尾一郎・星野直彦著, 情報処理 55, 7, 710, 2014 年。

［イン］ 「量子プログラミングの基礎」, M. Ying 著, 川辺治之訳, 啓文堂, 2017 年。

［岩下］ 「スパコンを知る」, 岩下武史・片桐孝洋・高橋大介著, 東京大学出版会, 2015 年。

［辛木］ 「次世代スパコン『エクサ』が日本を変える」, 辛木哲夫著, 小学館新書, 2014 年 2 月。

［金田］ 「スパコンとは何か」, 金田康正著, ウェッジ, 2012 年。

［小林］ 「スパコン『富岳』後の日本」, 小林雅一著, 中央公論新社, 2021 年 3 月。

第 6 章 ⋯⋯⋯⋯⋯⋯⋯⋯⋯⋯⋯⋯⋯⋯⋯⋯⋯⋯⋯⋯⋯⋯⋯⋯⋯⋯⋯⋯⋯⋯⋯⋯⋯⋯⋯

［西森］ 「量子コンピュータが人工知能を加速する」, 西森秀稔・大関真之著, 日経 BP 社, 2016 年；「量子アニーリングの基礎」, 西森秀稔・大関真之著, 共立出版, 2018 年；「量子アニーリング法と D-Wave」, 西森秀稔著, 情報処理, 55, 716-722（2014）； http://www.qa.iir.titech.ac.jp/~nishimori/QA/q-annealing.html

［齊藤］ 「新原理量子コンピュータへの取り組み」, 齊藤志郎・後藤秀樹著, NTT 技術ジャーナル, 2021, Vol. 33, 3 月号, p12：https://journal.ntt.co.jp/backnumber/2021/vol3303

第 7 章 ⋯⋯⋯⋯⋯⋯⋯⋯⋯⋯⋯⋯⋯⋯⋯⋯⋯⋯⋯⋯⋯⋯⋯⋯⋯⋯⋯⋯⋯⋯⋯⋯⋯⋯⋯

［山崎］ 「トコトンやさしい量子コンピュータの本」, 山崎耕造著, 日刊工業新聞社, 2021 年。

［青木］ 「分散型量子計算に向けたナノ光ファイバー共振器量子電気力学系」, 青木隆朗著, 物理学会誌 76, No. 6, 339-348（2021）。

［須藤］ 「不自然な宇宙」, 須藤靖著, 講談社, 2019 年。

［野村］ 「マルチバース宇宙論入門」, 野村泰紀著, 星海社, 2017 年。

付録 A ⋯⋯⋯⋯⋯⋯⋯⋯⋯⋯⋯⋯⋯⋯⋯⋯⋯⋯⋯⋯⋯⋯⋯⋯⋯⋯⋯⋯⋯⋯⋯⋯⋯⋯⋯

［徳永］ 「量子コンピュータの誤り訂正技術」, 徳永裕己著, 情報処理, 55, No.5, 695-701（2014）。

付録 D ⋯⋯⋯⋯⋯⋯⋯⋯⋯⋯⋯⋯⋯⋯⋯⋯⋯⋯⋯⋯⋯⋯⋯⋯⋯⋯⋯⋯⋯⋯⋯⋯⋯⋯⋯

［森前］ 「量子計算理論」, 森前智行著, 森北出版, 2017 年。

［藤井］ 「驚異の量子コンピュータ　宇宙最強マシンへの挑戦」, 藤井啓祐著, 岩波書店, 2019 年 12 月。

おわりに

「日進月歩の量子コンピュータの世界を分かりやすく」を心がけて解説してきました。量子コンピュータについてのイメージがつかめたでしょうか。私自身，本書作成によって理解が大いに深まりました。

本書の作成に至った経緯

入門的な量子コンピュータについての本の作成に至った理由には，大学の元同僚の細谷暁夫さんと西森秀稔さんの活躍があります。

細谷さんは，1990 年代の中ごろから「量子コンピュータはおもしろい」と，その研究にも参入され，入門書も上梓されました（文献 [細谷]）。当時の私は，自分の専門のことで精一杯で，まったく余裕はありませんでした。

西森さんは，1998 年に「量子アニーリング法」を発明されました。その方法がもし提案されていなかったとしたら，量子コンピュータがこんなに早く商用化されることはなかったかもしれません。

最近になって，量子コンピュータに改めて注目し始めていたとき，小ぢんまりとした勉強会で「量子コンピュータについて解説してもらえないか」と，その会の主催者である河野通之さんから頼まれ，喜んでお引き受けしたのです。

ほぼゼロからのスタートでしたが，すぐにその面白さのとりこになりました。しかし同時に，量子コンピュータが，数学・情報・物理・化学・各種工学などの広い分野にわたる総合科学であり，それぞれの分野の深い伝統のもとに新しい研究が次々となされていることを痛感しました。

それでも何とか「量子コンピュータを分かりやすく説明したい」という思いで準備し，会で話をしたのですが，その面白さをほとんど伝えることができなかったという挫折感を味わいました。そこで一念発起して，文章で伝えられないかと思い立った次第です。

謝辞

　可能なら出版できないかと思っていたところ，講談社サイエンティフィク編集部の慶山篤さんの並々ならぬご努力のおかげで，日の目を見ることになりました。慶山さんには，本の内容やスタイルなどについて，常に適切なアドバイスをいただきました。

　細谷さんと西森さんには，お忙しい中，ドラフトの段階で目を通していただき，大変有益なコメントをいただきました。とくに西森さんには，自ら翻訳された本（文献[グランブリング]）を贈っていただき，内容を充実させる上で大いに参考にさせていただきました。

　大学同級の中野勝介さんには，何度となくオンライン会議を通じてのコメントをいただき，内容を分かりやすくする上でのヒントをたくさんいただきました。また，大学同級であり大学の同僚でもあった阿部正紀さん，大学同期の吉澤康文さん，大嶋顕世さんには，内容の修正や改善に大変有益な指摘をいただきました。もちろん，間違いなどの責任はすべて私にあります。

　河野さんおよび勉強会の皆さんには，そもそもの発端と励ましをいただきました。家族にもいろいろ助けてもらい，一冊の本としてまとめることができました。この場をお借りして心から感謝申し上げます。

2021 年 11 月　　渡邊靖志

索 引

236